IRRTUM UND WAHRHEIT

ÜBER

WASSERKRAFT UND KOHLE

DIE BEDEUTUNG DER ENERGIEQUELLEN
FÜR DIE INDUSTRIELLE UND LANDWIRTSCHAFTLICHE
PRODUKTION

VON

OBERBAURAT ING. M. GERBEL

BEHÖRDL. AUT. UND BEEIDETER ZIVIL-INGENIEUR
FÜR MASCHINENBAU UND ELEKTROTECHNIK

WIEN
VERLAG VON JULIUS SPRINGER
1925

ISBN-13: 978-3-7091-9742-4 e-ISBN-13: 978-3-7091-9989-3
DOI: 10.1007/978-3-7091-9989-3

Vorwort.

Die Gesellschaft für Wärmewirtschaft hat den Verfasser mit der Aufgabe betraut, den Einfluß des Ausbaues von Wasserkräften auf die Kohlenwirtschaft zu untersuchen und das Ergebnis der Untersuchungen in einem Vortrag gelegentlich der Hauptversammlung im Jahre 1924 darzulegen. Der Verfasser ist bei diesen Studien zu Resultaten gekommen, welche von den bis dahin allgemein verbreiteten Ansichten in vielen Belange starke Abweichungen zeigten. Weder die Aussprache gelegentlich der Hauptversammlung noch die weiteren Besprechungen nach der Veröffentlichung des Vortrages im Organ der Österreichischen Gesellschaft für Wärmewirtschaft („Sparwirtschaft", herausgegeben vom Hauptverbande der Industrie Österreichs, Jahrgang 1924, Heft 11 bis 24) haben das Ergebnis der Studien irgendwie beeinflussen können und es zeigte sich in industriellen und technischen Kreisen ein weitergehendes Interesse für die Details der Untersuchung, so daß sich der Verfasser veranlaßt sah, seine Arbeit entsprechend ergänzt und erweitert in Buchform erscheinen zu lassen.

Die Grundlagen dieser Arbeit sind einerseits statistischer Natur, andrerseits technischer und technologischer Art. Die einen beziehen sich zwar auf österreichische Verhältnisse, können aber nach diesem Beispiel auch auf andere, insbesondere deutsche Verhältnisse leicht übertragen werden; die anderen sind aber allgemein gültig. Ebenso haben auch die Schlußfolgerungen allgemeine Gültigkeit für die verschiedensten Länder und auch nicht nur für die jetzige Zeit.

Trotz des vielleicht etwas streitbaren Titels, den auch der seinerzeitige Vortrag führte, soll dieses Buch keine Streitschrift sein. Es bemüht sich, einige von den wirtschaftlichen Problemen, welche durch den Wasserkraftausbau ausgelöst wurden, zu erläutern. Nur dort, wo der Kreis der Erwägungen an jene Gebiete grenzt, welche durch Schlagworte beherrscht werden, ist eine kritische Betrachtung der Verhältnisse, welche zur Prägung dieser Schlagworte Veranlassung gegeben haben, erforderlich. Aber auch diese Kritik ist keine Polemik, sie bezweckt, nur Grenzen zu ziehen, um die Wirkung, welche die Schlagworte mit der ihnen eigenen expansiven Werbekraft ausüben, auf jene Gebiete einzudämmen, für welche sie ihre Richtigkeit haben, und Übergriffe über diese Gebiete hinaus zu verhüten. Nur in diesem Sinne wird hier von Irrtum und Wahrheit gesprochen und nur in diesem Sinne bittet der Verfasser verstanden zu werden.

Wahrhaftigkeit in Wort und Tat ist auch in allen wirtschaftlichen Fragen eine dringende Forderung, die in nüchterner Erwägung erfüllt werden muß.

Mag eine derartige Offenherzigkeit vielen, auch ernsten Menschen mit redlichem Bestreben als falsche Taktik erscheinen, für den Techniker ist sie eine selbstverständliche Folge seiner naturwissenschaftlichen Schulung. Für ihn stellt die Technik eine Brücke dar, die von der Natur zur Wirtschaft des praktischen Lebens führt, und Wahrheit und Freimütigkeit sind ihre Pfeiler — wie dies Karl Hans Strobl in einem reizenden Gedichtchen „Junge Menschen" schwungvoll und poetisch ausdrückt:

Eines ist Gesetz in Sternen und Maschinen:
Sei du! Sei wahr! Vernimm' das ewige Wort:
„Die Hand, die unrein schafft, verdorrt,
Die treue wird auch im Alltag dem Ewigen dienen."

In jedem Kabel scheidet sich Lüge und Wahrheit,
Jedes Rad schwingt zwischen Licht und Nacht,
In jedem Werk wird die Schöpfung noch einmal gedacht,
Jede Stunde der Arbeit trägt bei zu Irrtum oder zu Klarheit.

Volk in Not! Ihr seid berufen, zu bauen;
Baut so, daß Licht aus euren Augen sprüht!
Baut so, daß Segen aus eurem Wirken blüht!
Vertraut dem Gott in euch, und euer Volk wird euch vertrauen!

Wien, im Februar 1925.

Der Verfasser.

Inhaltsverzeichnis.

I. Einleitung.

Bei der ungeheueren Bedeutung, welche dem Ausbau der Wasserkräfte mit Recht beigelegt wird, ist es selbstverständlich, daß eine große Zahl hervorragender Arbeiten über dieses Problem in den letzten Jahren veröffentlicht wurde. Diese Arbeiten stammen von ersten und hervorragendsten Fachleuten her und sind auf streng wissenschaftlicher Basis aufgebaut.

Eine noch viel größere Menge geleisteter Arbeit auf diesem Gebiete ist nicht veröffentlicht und ruht in den Schubladen derer, die sie als Unterlagen für ihre praktischen Arbeiten benutzen. Es ist unermeßlich, welches ungeheuere Quantum geistiger Arbeit auf dieses Problem bereits aufgewendet wurde und es ist wohl noch niemals ein Volk an die Ausführung eines für seine Wirtschaft wichtigen Projektes so vorbereitet herangetreten wie Österreich an das Problem des Ausbaues der Wasserkräfte.

Die Studien und die Vorbereitungen auf diesem Gebiete haben immer zu den schwierigsten Arbeiten gehört, denn schon die Feststellung des Energiebedarfes irgendeines Landes setzt die statistische Zusammenfassung gewisser Grundlagen voraus, welche nicht leicht zu beschaffen und tatsächlich auch in den wenigsten Ländern vorhanden sind.

Die wichtigste Grundlage für den Energiebedarf eines Landes ist die Produktionsstatistik. Eine solche hat, wie in den meisten anderen Ländern, auch bei uns niemals in verläßlicher und zusammenfassender Form bestanden. So ausgezeichnet ausgebildet unsere Handelsstatistik ist, so wenig zusammenfassende Darstellungen findet man über unsere Produktion.

Die Ursache des Mangels einer Produktionsstatistik liegt darin, daß diesbezügliche Einzelerhebungen in verläßlicher Form nicht gepflogen werden können. Die Mitteilungen, welche die einzelnen Fabrikanten, Gewerbetreibenden und Industriellen über ihren Betrieb machen, sind naturgemäß je nach den Interessen der einzelnen, Auskunft erteilenden Personen mehr oder weniger gefärbt. Wo und wann immer versucht worden ist, auf Grund derartiger Auskunftserteilung statistische Gesamtziffern zu erhalten, hat sich nachträglich herausgestellt, daß die Summenziffern mit den Tatsachen nicht übereinstimmen können.

Besonders kompliziert sind natürlich derartige Erhebungen in einem Lande wie das unsrige, welches in seiner jetzigen Gestaltung als junges Land zu bezeichnen ist und wo noch zum Teil althergebrachte Beziehungen zu den Nachbarländern vorhanden sind, welche sich auch in den Produktionsverhältnissen auswirken und gewiß in den nächsten Jahren Änderungen erfahren werden; so wie denn überhaupt noch lange kein stabiler Zustand in unseren Produktionsverhältnissen eintreten wird. Diese ständige Umstellung und Anpassung an die noch immer in starker Veränderung befindlichen allgemeinen Verhältnisse sowohl im Innern des Landes als auch hinsichtlich der Beziehungen zu den Nachbarn, läßt das Ende, welches diese Entwicklung nehmen wird, auch nicht annähernd voraussehen, und es wäre sohin, wenn man selbst die heutigen Verhältnisse genau ermitteln und festlegen könnte, die Richtigkeit dieser Erhebungen nur sehr kurzlebig.

Infolgedessen müssen die Voraussetzungen aller auf das große Problem des Wasserkraftausbaues bezughabenden Arbeiten immer wieder überprüft werden, und aus diesem Grunde ist gerade die Wasserkraftnutzung in unseren Ländern nicht geeignet, schlagwortartig propagiert zu werden, ohne daß man immer wieder die besonderen Verhältnisse untersucht und die in früherer Zeit bereits als richtig anerkannten Prüfungsergebnisse überprüft.

Dies gilt wie für die Wasserkräfte auch für unsere Kohlenwirtschaft. Zwar fußen die Studien auf diesem

Gebiete, insofern sie sich auf allgemein wirtschaftliche Fragen und insbesondere auf die Frage des Kohlenbedarfes beziehen, auf statistischen Erhebungen, welche im Gegensatz zur Statistik unserer Produktion mit großer Genauigkeit fortlaufend durchgeführt werden und für jede Periode der näheren Vergangenheit verläßliche Ziffern bieten; die Studien über die zukünftige Gestaltung werden aber erschwert, weil auch hier die von den verschiedensten Ereignissen beeinflußbare Entwicklung unserer Wirtschaft nicht vorausgesehen werden kann. Hierbei spielt auch die Entwicklung der Technik eine maßgebende Rolle und es haben gerade die letzten Jahre gezeigt, daß auf dem Gebiete der Kohlenwirtschaft noch große Errungenschaften möglich sind, welche die Kalkulation auf eine ganz andere Basis stellen.

So wurde vor kurzem in einer Enquete die Frage studiert, welche Kohlenersparnisse erzielt werden können, wenn der in den kalorischen Elektrizitätswerken erzeugte Strom durch Wasserkraftstrom gedeckt wird, wobei vorausgesetzt wurde, daß in diesen kalorischen Elektrizitätswerken die allerletzten Errungenschaften der Wärmetechnik (Dampfdrücke von 30 bis 60 Atm., Temperaturen über 400° C, neuartige Dampfturbinen, Dampfspeicher u. dgl.) Anwendung finden.

Der Wert dieser Fortschritte für die Wärmetechnik zeigt sich am deutlichsten in der Gegenüberstellung des Dampfverbrauches von großen Maschineneinheiten der Elektrizitätswerke. Während noch bis vor kurzem mit einem Dampfverbrauch von mindestens 4 kg Dampf für 1 PSSt. gerechnet werden mußte, kann man bei Verwendung der allerneuesten Dampfturbinen mit einem Dampfverbrauch von 2,8 kg pro PSSt. rechnen. Es ist somit die Krafterzeugung um zirka 30% billiger geworden. Es muß sonach auch die Wasserkraftanlage, welche gegenüber einem derartigen neuen Elektrizitätswerk rentabel sein soll, um mindestens 30% geringere Investitionen erfordern oder aber bei gleichen Investitionskosten eine größere Ausnutzung aufweisen. Während man noch vor kurzem ohne Berücksichtigung der allerneuesten Errungenschaften für unsere österreichischen Verhältnisse damit rechnen mußte, daß der Strom in einer normalen Wasserkraftanlage billiger erzeugt wird als in einem Dampfkraftelektrizitätswerk, wenn das Wasserwerk mit zirka 23% seiner maximalen Leistungsfähigkeit ausgenutzt wird, ist gegenüber einer ganz modernen Dampfkraftanlage die Wasserkraftanlage erst rentabel, wenn ihre Ausnutzung mindestens 30% beträgt. Diese Ergebnisse eingehender Studien sind von Herrn Direktor Ing. Brock in einem ausgezeichneten Vortrag im Österr. Ingenieur- und Architekten-Verein und in der Gesellschaft für Wasserwirtschaft dargelegt worden*).

Wenn man nun für die übrigen Wirtschaftszweige ähnliche Untersuchungen anstellen und ermitteln will, welche Kohlenersparnisse durch den Ausbau der Wasserkräfte erzielbar sind, welche wirtschaftlichen Vorteile sich daraus ergeben und welche Voraussetzungen zu diesem Zwecke erfüllt werden müssen, so sind zunächst Feststellungen statistischer Art über die in Betracht kommenden wirtschaftlichen Verhältnisse, soweit diese überhaupt ziffernmäßig erfaßt werden können, erforderlich.

II. Statistische Grundlagen über Energiewirtschaft. Handelsbilanz und Kohlenverbrauch.

In der Tabelle I sind die wichtigsten statistischen Grundlagen, welche für die Energiewirtschaft maßgebend sind, für das alte und für das jetzige Österreich zusammengestellt.

Während vom alten Österreich an Fläche und Einwohnern ungefähr der 4. Teil erübrigte, sind uns die Kohlenlager fast zur Gänze genommen worden; nur eine kaum nennenswerte Menge von $^1/_{4000}$ der Steinkohlen- und $^1/_{38}$ minderwertiger Braunkohlenvorräte Altösterreichs liegen innerhalb unserer Grenzen. Diese Kohlenlager

*) S. Zeitschrift des Öst. Ingenieur- und Architektenvereines, 76. Jhrg. 1924; Heft Nr. 25 u. 26.

Tabelle 1. Vergleich der Energiewirtschaft Alt- u. Deutschösterreichs*).

1		Maßstab	Alt- Österreich	Deutsch- Österreich	Anteil Deutsch-österr. an Alt-österreich in %
		2	3	4	5
1	Flächeninhalt	km^2	300.000	84.000	28
2	Einwohner	Mill.	29	6,4	22
3	Kohlenvorräte . . .	Mill. t	41.000	343	0,83
4	Davon Steinkohle . .	,,	28.000	7	0,0025
5	,, Braunkohle . .	,,	13.000	336	2,6
6	Jahreskohlenförderung	,,	45	2,8	6,2
7	Förderung pro Kopf .	t	1,6	0,44	27
8	Erschöpfung d. Kohlenvorräte	Jahre	900	120	—
9	Jahreskohlenverbrauch	Mill. t	48	10	21
10	Davon Auslandbezug	Proz.	6	72	—
11	Wasserkräfte (Jahresmittel)	Mill. PS	5—6	2,5—3	50
12	Davon ausgebaut . .	Mill. PS	0,4	0,3	0,75

dürften aber nach den gegenwärtigen Förderungsverhältnissen schon in 120 Jahren erschöpft sein.

Aus der Zusammenstellung ersieht man, daß bei einem Jahreskohlenbedarf von 10 Millionen Tonnen, 72% aus dem Auslande gedeckt werden müssen. Gegenüber dieser ungünstigen Konstellation an Kohlenvorräten geben die Wasserkraftverhältnisse ein freundlicheres Bild. Von den 3 Millionen PS ausbaufähiger Wasserkräfte sind bis jetzt nur 10% ausgebaut.

Die bedeutenden Kosten der Kohlenbeschaffung aus dem Auslande kommen natürlich in der Handelsbilanz recht ungünstig zum Ausdruck. Wie aus der Tabelle 2 zu entnehmen ist, betrug der Einfuhrüberschuß an Tieren,

*) Korrigiert nach Ornig „Die Energiewirtschaft Deutschösterreichs" in „Technik und Wirtschaft", 16. Jahrgang, 1.—4. Heft, 1923. Verlag Verein Deutscher Ingenieure, Berlin.

Tabelle 2. Handelsbilanz Österreichs.

		1922	1923
		Werte in Mill. Goldkronen	
1	Tiere	− 83	− 98
2	Getreide, Mehl, Hülsenfrüchte	− 206	− 244
3	Sonstige Nahrungsmittel, Getränke	− 222	− 252
4	Steinkohle	− 142	− 134
5	Braunkohle	− 40	− 24
6	Koks	− 19	− 22
7	Rohstoffe, Halbfabrikate	− 174	− 201
8	Fertige Waren	+ 234	+ 162
	Gesamter Einfuhrüberschuß	− 652	− 813

Getreide und sonstigen Nahrungsmitteln (Post 1 bis 3) im Jahre 1922 511 Millionen, im Jahre 1923 594 Millionen Goldkronen, an Steinkohle, Braunkohle und Koks (Post 4 bis 6) im Jahre 1922 201 Millionen, im Jahre 1923 180 Millionen Goldkronen. An Rohstoffen und Halbfabrikaten (Post 7) betrug der Einfuhrüberschuß 174 bzw. 201 Millionen Goldkronen, während an fertigen Waren (Post 8) ein Ausfuhrüberschuß von 234 bzw. 162 Millionen Goldkronen in den beiden letzten Jahren vorlag.

Insgesamt war die Handelsbilanz im Jahre 1922 um 652, im Jahre 1923 um 813 Millionen Goldkronen passiv. Hieran ist die Einfuhr von Kohle und Koks im Jahre 1922 mit 30%, im Jahre 1923 mit 23% beteiligt gewesen.

Die fürchterliche Situation, in der sich Österreich während des Krieges hinsichtlich der Deckung seines Kohlenbedarfes befand, hat es mit sich gebracht, daß der statistischen Ermittlung des Kohlenbedarfes eine besondere Wichtigkeit beigemessen wurde. Die damals zu diesem Zwecke geschaffenen Einrichtungen bestehen auch noch heute fort und es können aus den amtlichen Verlautbarungen wichtige Grundlagen für die Beurteilung der Kohlenwirtschaft geschöpft werden.

Die Tabelle 3 gibt in den ersten Ziffernkolonnen ein Bild über den Kohlenverbrauch Österreichs in den Jahren 1922 und 1923, und zwar ist dort der Kohlen-

Tabelle 3.

	Verwendung	Kohlenverbrauch nach amtlichen Ziffern des Bundesministeriums für Handel und Verkehr					
		1922		1923		Normalverbrauch	
		10^3 t	%	10^3 t	%	10^3 t	%
	1	2	3	4	5	6	7
1	Verkehr.	2.700	30	1.900	24	**2.400**	**24**
2	Hausbrand	1.500	16	1.600	21	**1.200**	**17**
3	Gaswerke	430	5	380	5	**800**	**8**
4	Elektrizitätswerke . .	760	8	800	10	**560**	**6**
5	Industrie	3.700	41	3.100	40	**4.500**	**45**
6	Landwirtschaft. . . .	10	—	20	—	**40**	—
—	Jahresbedarf zus. .	9.100	—	7.800	—	**10.000**	—

verbrauch in 6 für die allgemeine Beurteilung und für die folgenden Ausführungen wichtige Gruppen: Verkehr, Hausbrand, öffentliche Gaswerke, öffentliche Elektrizitätswerke, Industrie und Landwirtschaft geteilt. Wie daraus ersichtlich, ist der Kohlenverbrauch im Jahre 1922 9,100.000 t, im Jahre 1923 7,800.000 t gewesen. Diese Ziffern sind amtlich erhoben.

Außer diesen tatsächlichen Ziffern in den letzten Jahren, die als abnormale Jahre bezeichnet werden müssen, hat das Bundesministerium für Handel und Verkehr in seiner letzten, anfangs Mai 1924 erschienenen Publikation einen „Normalverbrauch" angegeben, welcher in den letzten Kolonnen der Tabelle 3 angeführt ist. Dieser Bedarf dürfte auch den tatsächlichen Verhältnissen der nächsten Zukunft entsprechen, soweit diese heute nach menschlichem Ermessen überblickt werden kann. (Die bisherigen Arbeiten über die Beziehungen der Wasserkräfte zu unseren Kohlenverhältnissen fußen auf früheren Ziffern eines Normalverbrauches von 16 Millionen Tonnen.)

Ein Kohlenverbrauch von 10 Millionen Tonnen entspricht in der Gesamtheit einer ungefähr 25%igen Steigerung gegenüber den Verhältnissen des Jahres 1923.

Hierzu muß bemerkt werden, daß in der Tabelle Kohlen verschiedenster Provenienz, verschiedenster Art und verschiedensten Heizwertes miteinander addiert sind, und zwar sind in den angegebenen Gesamtziffern des Jahres 1923, ebenso wie für den Normalverbrauch ungefähr 44% Braunkohle, 50% Steinkohle und 5% Koks, neben einigen wenigen Restteilen anderer Brennmaterialien enthalten. Es kann also der angegebenen Gesamtmenge ein beiläufiger durchschnittlicher Heizwert von 5300 WE beigemessen werden.

III. Ersatz des Kohlenverbrauches des Verkehrswesens durch Wasserkraftstrom.

Für den Verkehr ist im amtlichen Bericht des Arbeitsministeriums der Normalbedarf mit 2,4 Millionen Tonnen, d. i. um 30% höher angesetzt, als der tatsächliche Verbrauch des Jahres 1923 gewesen ist. (Wie aus Tabelle 3 ersichtlich, ist die Verbrauchsziffer des Jahres 1923 gegenüber jener des Jahres 1922 um mehr als 30% zurückgegangen; dies rührt, wie aus dem amtlichen Bericht hervorgeht, zum Teil von einer sparsameren Kohlenwirtschaft im Verkehr, zum anderen Teil aber davon her, daß im Jahre 1923 höherwertige Kohle für den Eisenbahnbetrieb verwendet wurde als im vorhergehenden Jahr, infolgedessen sowohl der Kohlenverbrauch an und für sich als auch jener Kohlenbedarf, welcher zur Beförderung dieser Kohle erforderlich war, geringer wurde.)

Mit Rücksicht darauf, daß die Verbesserung der Kohlenwirtschaft, besonders im Eisenbahnwesen, noch lange nicht zu Ende geführt ist, im Gegenteil noch besondere kohlensparende Maßnahmen, über welche auch der Präsident der Bundesbahnen, Gen.-Dir. Dr. Günther in einem Vortrag*) berichtet hat, sich erst in den nächsten Jahren auswirken werden, erscheint die in dem amtlichen Bericht des Arbeitsministeriums als Vollbedarf für normale Verhältnisse angegebene Ziffer von 2,4 Millionen Tonnen, trotz der in Aussicht stehenden größeren Inanspruch-

*) S. Zeitschrift des Vereines deutscher Ingenieure, 68. Jhrg. 1924, Heft 10.

nahme und größeren Leistung der Bahnen als durchaus angemessen.

Was den Ersatz der hier verwendeten Kohle durch Wasserkraftenergie betrifft, kann auf die Studie verwiesen werden, welche der „Vorlage der Staatsregierung über das Gesetz betreffend die Einführung der elektrischen Zugbeförderung auf den Staatsbahnen“ vom Jahre 1920 zugrunde liegt.

Diese Studie enthält eine große Menge wichtigen Materials und behandelt die Frage der Elektrifizierung der Bahnen Österreichs mit einer dem Techniker im österreichischen Staatsdienst eigenen Gründlichkeit und Gewissenhaftigkeit. Natürlich sind auch die hier enthaltenen Ziffern, nachdem sie 5 Jahre zurückliegen, heute nicht mehr durchgehends richtig, und es müßten auch hier den heutigen Verhältnissen entsprechende Korrekturen vorgenommen werden. So z. B. geht aus den Zusammenstellungen hervor, daß durch eine kWh elektrischen Stromes zirka 3 kg Kohle im Bahnbetrieb erspart werden können. Diese Ziffer kann heute schon mit Rücksicht auf die inzwischen eingeführten kohlenersparenden Einrichtungen auf 2,5 kg oder weniger herabgesetzt werden.

Wenn man im Sinne dieser Vorlage 1800 km Bahnnetz als für die Elektrifizierung zunächst in Betracht kommend in Rechnung zieht, so werden für ihren Betrieb rund 360,000.000 kWh ab Kraftwerk erforderlich sein, was einer ausgebauten Wasserkraftleistung von zirka 250.000 PS entspricht. Hierdurch können zirka 900.000 t Kohle erspart werden, was bei einem durchschnittlichen Kohlenpreis von 4 Goldheller einem Betrage von 36 Millionen Goldkronen, durch welche gleichzeitig unsere Handelsbilanz verbessert wird, gleichkommt (s. Tabelle 4).

Tabelle 4.

Kohlenbedarf für den Verkehr im Jahre 1923 .	1,900.000 t
Normalbedarf (siehe Tabelle 3)	2,400.000 t
Gesamtes Bahnnetz	zirka 6400 km
Zu elektrifizieren	zirka 1800 km
Strombedarf	360,000.000 kWh
Erforderliche Wasserkräfte	zirka 250.000 PS
Verringerung des Kohlenbedarfes	zirka 900.000 t

Allerdings darf nicht vergessen werden, daß diesen großen Kohlenersparnissen nicht allein die Investitionen für die Wasserkraftanlagen gegenüberstehen, es handelt sich vielmehr bei der Elektrifizierung der Bahnen noch um große Beträge, welche für Anschaffung der elektrischen Lokomotiven, für Verlegung der Leitungen und für viele andere hiermit zusammenhängende Einrichtungen verausgabt werden müssen. Die Gesamtkosten der Elektrifizierung der Bahnen betragen infolgedessen ein Vielfaches der Kosten der reinen Wasserkraftanlagen (die Leitungsanlagen, Unterwerke und Abänderungen an bestehenden Anlagen werden das 3- bis 4fache, die neuen Triebmittel, Lokomotiven u. dgl. allein etwa das 5fache der Kosten der Wasserkraftanlagen erheischen; der Gesamtaufwand für die Elektrifizierung wird also 8- bis 10mal so groß sein wie die Kosten der Wasserkraftanlagen). Außerdem werden hierdurch die vorhandenen Dampflokomotiven zum Teil überflüssig, so daß ein Teil der darin investierten Kapitalien nicht mehr voll amortisiert und verzinst werden kann.

Es darf unter solchen Umständen nicht wundernehmen, wenn die Elektrifizierung der Bahnen nicht mit jener Geschwindigkeit erfolgen wird, welche ursprünglich geplant war. Unter diesen Verhältnissen ist es gewiß vollkommen richtig, wenn die Verwaltung der Bundesbahnen trotz dieser Elektrifizierungsprojekte den kohlensparenden Maßnahmen das größte Augenmerk zuwendet, und es wird noch reichlich Zeit sein, daß sich die großen Investitionen, welche zur Verringerung des Kohlenverbrauches durchgeführt werden, amortisieren und nützlich erweisen, bevor durch die Elektrifizierung die auf diese Weise verbesserten Lokomotiven außer Betrieb gesetzt sein werden.

IV. Ersatz der Hausbrandkohle durch Elektrizität.

Für den Hausbrand nimmt der amtliche Bericht des Arbeitsministeriums einen Bedarf von 1,7 Millionen Tonnen Kohle an.

Eine wesentliche Steigerung des Brennstoffbedarfes für Hausbrand ist wohl nach den gegenwärtigen Verhältnissen nicht anzunehmen, denn es waren schon im Jahre 1923 viele Beschränkungen, welche die Bevölkerung sich vorher auferlegen mußte, so weit als möglich wieder aufgehoben, außerdem muß in Betracht gezogen werden, daß durch die lange Zeit der Entbehrungen der Sinn für Sparsamkeit mit Kohle im Haushalt in allen Teilen der Bevölkerung geweckt worden ist und durch die Propaganda auf diesem Gebiete immer wach gehalten wird und daß auch die kohlensparende Zentralheizung sich immer mehr und mehr einbürgert.

Was nun die Ersetzbarkeit der Kohle im Hausbrand durch elektrischen Strom betrifft, ist bekanntlich das elektrische Heizen und Kochen ein technisch gelöstes Problem und es sind mit der Verwendung der Elektrizität im Haushalt zu diesen Zwecken bekanntlich große Vorteile verbunden, wie große Sauberkeit, leichte Beweglichkeit elektrischer Heizkörper, leichtes Ein- und Ausschalten u. dgl. Es ist auch bei der elektrischen Heizung nicht notwendig, daß der Strom zu jener Zeit zur Verfügung steht, wo geheizt werden soll, denn der beispielsweise in der Nacht zur Verfügung stehende Strom kann dazu verwendet werden, große Quantitäten Wasser, Steine, Öl, oder dgl. zu erhitzen, und die auf diese Weise in der Nacht aufgestapelte Wärme wird dann tagsüber im Bedarfsfalle verwendet.

Ausschlaggebend ist aber immer der Preis des elektrischen Stromes. Um nämlich dieselbe Heizwirkung zu erzielen, welche mit 1 kg guter Kohle in einem Kachelofen oder mit 1 kg Koks in einer Zentralheizung erzielt wird, sind Strommengen von 2 bis 4 kWh erforderlich. Diese Strommenge darf daher auch nicht viel mehr kosten als 1 kg Kohle bzw. 1 kg Koks. Derartige niedere Strompreise sind aber nur für Abfallstrom denkbar und es kommt sohin der Ersatz der Kohle für Hausbrandzwecke nur in Frage, wenn genügend große Mengen Abfallstrom zur Verfügung stehen.

Als Beispiel für die ungeheueren Strommengen, welche hier in Frage kämen, sei folgendes angeführt:

Wien hat insgesamt 534.000 Wohnungen mit insgesamt 1 Million Zimmer. Zur Beheizung eines mittleren Zimmers ist ein elektrischer Ofen mit mindestens 2 kW-Leistung erforderlich, es würde also zur Beheizung Wiens ein Anschlußwert von zirka 2 Millionen kW, das sind rund 3 Millionen PS nötig sein. Bedenkt man, daß die ganzen zum Ausbau in Aussicht genommenen Wasserkräfte eine Leistung von zirka 1 Million PS aufweisen werden, so ergibt sich, daß zur Beheizung der Wohnräume in Wien allein, das Dreifache der vorderhand auszubauenden Wasserkräfte Österreichs erforderlich wäre. Insgesamt wäre um die in Wien für Beheizung verwendete Kohlenmenge von zirka 600.000 t durch Strom zu ersetzen, eine Strommenge von rund 1,8 Milliarden kWh erforderlich.

Die Ausnutzung der Leistungsfähigkeit von Wasserkraftwerken für Beheizungszwecke ist naturgemäß eine sehr geringe, weil die Beheizung nur während 100 oder 150 Tagen, intensiv aber nur zirka 30 Tage im Jahr gebraucht wird und gerade während dieser kalten Jahreszeit die Wasserkraftanlagen die wenigste Abfallenergie zur Verfügung haben.

Für das Kochen mit elektrischem Strom liegen die Verhältnisse insofern günstiger, als eine einmal hergestellte Anlage eine ganzjährige Verwendung findet und der Ausnutzungsfaktor infolgedessen ein günstigerer ist. Nun darf aber nicht vergessen werden, daß in vielen Fällen der Kohlenkochherd auch zur Beheizung dient, was bei den elektrischen Kochapparaten nicht der Fall ist.

Der Nutzeffekt der elektrischen Kocher ist je nach der Konstruktion 40 bis 95%, während der Nutzeffekt der Kochherde weitaus geringer ist. Es sind also die Voraussetzungen zur Einführung des elektrischen Kochens günstiger als für das elektrische Heizen. Dies gilt aber nur dort, wo keine Gaswerke vorhanden sind, denn das Kochen mit Gas, insbesondere wenn die ganze Einrichtung hierzu vorhanden ist, ist billiger und gibt hinsichtlich Annehmlichkeit dem elektrischen Kochen nicht viel nach.

V. Ersatz der Kohle durch Wasserkraftstrom in öffentlichen Gas- und Elektrizitätswerken.

Als 3. und 4. Position sind in der Tabelle 3 über den Kohlenverbrauch Deutschösterreichs die öffentlichen Gas- und Elektrizitätswerke angegeben.

Der Kohlenverbrauch der Gaswerke, der im Jahre 1923 weniger als 5% des gesamten Kohlenverbrauches betrug, ist nach den amtlichen Angaben in Hinkunft mit 8% anzunehmen und hat für die Frage nach der Beeinflussung des Kohlenbedarfes durch den Ausbau der Wasserkräfte nur sekundäre Bedeutung, da dem eventuell möglichen Ersatz des Gaskonsums zu Beleuchtungszwecken durch elektrische Energie eine mindestens ebenso hohe Zunahme des Gaskonsums für Koch- und Heizzwecke gegenüberstehen dürfte. An eine weitgehende Verwendung des elektrischen Stromes zum Ersatz des zu Koch- und Heizzwecken verwendeten Gases ist in jenen Gegenden, wo bereits Gaswerke mit ihren ausgebreiteten Leitungsnetzen bestehen, wohl nicht zu denken.

Hinsichtlich des Kohlenverbrauches der öffentlichen Elektrizitätswerke ist schon im vorhergehenden angedeutet worden, daß mit Rücksicht auf die Errungenschaften der Wärmetechnik mit wesentlich verringertem Kohlenbedarf zu rechnen ist. Dies gilt nicht nur für etwa neu entstehende Werke, denn die durch neue Maschinen erzielbaren Ersparnisse sind so groß, daß auch ein vorzeitiger Ersatz oder eine entsprechende Ergänzung vorhandener Betriebseinrichtungen durch moderne Anlagen rentabel ist. Überdies lassen sich bei den bestehenden Anlagen, welche mit Dampfdrücken von 10 bis 15 Atm. arbeiten, Aggregate vorschalten, welche Dampf von 35 bis 60 Atm. ausnutzen, wobei dann der Abdampf den alten Maschinen zugeführt wird. Hierdurch läßt sich der Kohlenverbrauch um 7 bis 12% verringern, was die Investitionen insbesondere dann rentabel erscheinen läßt, wenn die hierzu erforderliche Ergänzung der Kesselanlage schon aus anderen Gründen notwendig war.

Auf diese Erwägungen dürfte es zurückzuführen sein, daß die amtlichen Ziffern des Arbeitsministeriums für den

Vollbedarf der öffentlichen Elektrizitätswerke der nächsten Zeit eine Verringerung des Kohlenverbrauches zeigen. Außerdem ist aber mit einer Verringerung des Kohlenbedarfes der öffentlichen Elektrizitätswerke schon deswegen zu rechnen, weil die Gemeinden Wien, Linz, Graz und auch andere bereits aus den jetzt in Bau befindlichen Wasserkraftwerken Strom beziehen werden. Jedenfalls kann angenommen werden, daß der größte Teil des Kohlenbedarfes der öffentlichen Elektrizitätswerke mit zunehmendem Ausbau der Wasserkräfte erspart werden wird. Allerdings wird auch, wenn große Mengen von Wasserkraftelektrizität zur Verfügung stehen, noch ein kleiner Teil von Kohlenkraftelektrizitätswerken übrig bleiben, da sie einerseits als Spitzenwerke immer gute Dienste leisten, andererseits dort, wo Abfallkohle von in der Nähe befindlichen Bergwerken verwendet wird, gegenüber dem Wasserkraftstrom billigere Gestehungskosten aufweisen werden. Aus diesen Gründen kann mit einem Ersatz von 80% des gesamten für öffentliche Elektrizitätswerke verbrauchten Kohlenquantums gerechnet werden.

VI. Verwendung von elektrischem Strom in der Landwirtschaft.

Von den beiden in der Kohlenverbrauchstabelle angeführten letzten Posten ist der Kohlenverbrauch der Landwirtschaft als verschwindend klein wohl zu vernachlässigen, wobei aber bemerkt werden muß, daß dieser bei entsprechendem Ausbau der Elektrizitätsnetze zum großen Teil, etwa zur Hälfte, wird erspart werden können. Außerdem wird natürlich, wenn billiger Wasserkraftstrom zur Verfügung steht, eine weitgehende Industrialisierung der Landwirtschaft und Ersatz menschlicher Arbeit durch Maschinen stattfinden. Der hierzu erforderliche Kraftbedarf ist zwar nicht groß, so wie denn überhaupt die Mechanisierung menschlicher Arbeit verhältnismäßig wenig Pferdekräfte erfordert. (Ein Arbeiter leistet durchschnittlich kaum mehr als 0,05 PS.) Aber es scheinen fortwährend neue Methoden und neue Arbeitsweisen auf, welche auf nicht mechanischem Wege neue Ziele erreichen. So hört man in der letzten Zeit von einer neuen Konservierungsmethode für Viehfutter, welche darin besteht, daß das frisch geschnittene Gras einem hindurchgeleiteten elektrischen Strom ausgesetzt wird. Der Forschung auf dem Gebiete der Landwirtschaft und Viehzucht stehen neue Wege offen, wenn sie sich darauf stützen kann, daß elektrischer Strom überall und in genügender Menge zur Verfügung steht. Über die ungeheure Bedeutung, welche die Verwertung billigen Wasserkraftstromes für die Kunstdüngererzeugung und auf diesem Wege mittelbar für die Landwirtschaft hat, wird noch an anderer Stelle gesprochen werden.

VII. Die Verschiedenartigkeit des Kohlenverbrauches in der Industrie und seine Verringerung durch Verwendung von Wasserkraftstrom.

Was nun die Frage betrifft, inwieweit der Kohlenverbrauch der österreichischen Industrie durch Wasserkraftelektrizität ersetzt werden kann, sei gleich einleitend betont, daß hier die größte Quelle der obwaltenden Irrtümer zu finden ist; und zwar rühren diese Irrtümer zunächst in technischer Hinsicht daher, daß die Art der Kohlenverwendung nicht genügend berücksichtigt wird.

Die wichtigsten Arten der Kohlenverwendung in der Industrie sind die folgenden:

1. Die Kohle wird in Öfen verbrannt, um hohe Temperaturen zu erzeugen, durch welche technologische, thermische und chemische Zwecke erreicht werden sollen. Hierher gehören beispielsweise die meisten Prozeduren in der keramischen Industrie, der Baustoffindustrie und in vielen Betrieben der chemischen und Schwerindustrie.

Die zu diesen Zwecken verwendete Kohle kann zwar theoretisch durch elektrischen Strom ersetzt werden, da auch dieser Wärmewirkungen hervorbringen und hohe Temperaturen erzeugen läßt. Inwieweit aber in der Praxis hier die Kohle durch Strom ersetzbar ist, hängt von technologischen und konstruktiven Fragen, hauptsächlich aber von den Kosten des elektrischen Stromes ab.

Um über das Maß der Ersetzbarkeit einigermaßen ein Bild zu gewinnen, muß man sich vor Augen halten, daß der Wärmewert von 1 kWh 860 Kalorien beträgt, gegenüber einem Heizwert guter Steinkohle von 6500 Kalorien. Wenn nun auch bei der Verfeuerung von Kohle, insbesondere in Öfen für hohe Temperaturen sehr schlechte Wirkungsgrade auftreten, sind immer noch mehrere Kilowattstunden erforderlich, um 1 kg Kohle zu ersetzen. Tatsächlich sind bei den verschiedenen Prozeduren der Industrie je nach den Wirkungsgraden der betreffenden Betriebsmittel 2 bis 6 kWh erforderlich, um die gleiche Wirkung zu erzielen, wie mit 1 kg Kohle. Es darf also der Preis per Kilowattstunde nicht höher sein, als die Hälfte bis ein Sechstel des Preises von 1 kg Kohle. Man kommt auf diese Weise auf Strompreise, welche überaus nieder sind.

2. Bei vielen chemischen und metallurgischen Prozessen spielt die Kohle auch die Rolle eines chemischen Materials, dessen Kohlenstoff Reaktionen mit anderen Stoffen eingeht.

Bei allen diesen Prozessen ist die Kohle nicht oder nicht ganz durch elektrischen Strom ersetzbar, da natürlich die chemischen Wirkungen durch Elektrizität nicht erzielbar sind. So sind beispielsweise im Hochofen, wo der Koks auch eine chemische Funktion auszuüben hat, nur etwa zwei Drittel des Normalbedarfes durch Strom ersetzbar, während das dritte Drittel, welches für den chemischen Prozeß unbedingt erforderlich ist, nicht ersetzt werden kann.

3. Schließlich wird die Kohle in hohem Maße zur Dampferzeugung verwendet. Hier kann in verschiedener Weise ein Ersatz durch elektrischen Strom stattfinden:

a) Zunächst kann der Dampf statt in einem mit Kohle gefeuerten Kessel in einem elektrisch geheizten Kessel erzeugt werden. Es sind auch tatsächlich schon elektrische Dampfkessel mehrfach in Betrieb. Hier bedingt der Ersatz von 1 kg guter Steinkohle einen Aufwand von 4 bis 6 kWh. Bei einem Kohlenpreis von 4 Goldheller pro Kilogramm darf daher die Kilowattstunde nicht mehr als 0,7 bis 1 Goldheller kosten. Wenn nun aber auch Strom zu derartigen Preisen zur Verfügung stünde, kämen ungeheuere Mengen für Zwecke der Dampferzeugung in Betracht: So z. B. könnte mit 100.000 PS (!)

nur 1% (!) jener Dampfmenge erzeugt werden, welche der Leistungsfähigkeit der in Österreich vorhandenen Dampfkessel entspricht. Hieraus ist ersichtlich, welche ungeheuere Mengen Strom erforderlich sind, um verhältnismäßig geringe Wärmewirkungen zu erzielen. Diese Art des Ersatzes der Kohle durch Strom kommt demnach nur dort in Frage, wo keinerlei andere Verwendung für verhältnismäßig große, aber auch äußerst billige Strommengen gefunden werden kann.

b) Viel aussichtsreicher ist der Ersatz des Dampfes durch elektrischen Strom; die Ersatzmöglichkeiten sind aber je nach der Art der Verwendung des Dampfes ganz verschieden:

α) Wird der Dampf ausschließlich zur Krafterzeugung verwendet, dient er also zum Betrieb einer Dampfmaschine oder einer Dampfturbine, so ist der Ersatz durch elektrischen Strom in der einfachsten und vorteilhaftesten Weise möglich, denn die Ausnutzung des Dampfes bzw. der Kohle zur reinen Krafterzeugung ist bekanntlich eine schlechte, und selbst in den allerbesten, modernsten und neuesten Dampfmaschinen oder Turbinen werden vom Wärmeinhalt des Dampfes nur 25 bis 30%, vom Heizwert der Kohle aber nur 18 bis 24% in Arbeit umgesetzt. Einem Dampfverbrauch von 4 bis 6 kg pro Kilowattstunde entspricht ein Kohlenverbrauch von 0,7 bis 1 kg guter Steinkohle, welcher sohin durch 1 kWh erspart werden kann. Bei weniger modernen Anlagen ist der Kohlenbedarf noch größer; die Ersparnis an Kohle bei Übergang auf elektrischen Betrieb beträgt hier 1 bis 1,5 kg Kohle pro Kilowattstunde.

β) Weiters wird Dampf in der Industrie zu allerlei Fabrikationszwecken verwendet. Diese Verwendung des Dampfes ist weitaus größer als im allgemeinen angenommen wird. Es wird mit Dampf gekocht, geheizt, getrocknet und es hat die Verwendung des Dampfes in vielen Industriezweigen die direkte Verfeuerung von Kohle verdrängt. Denn in der Regel ist die Ausnutzung des Dampfes zu Koch-, Heiz- und Trockenzwecken eine verhältnismäßig günstige und es wird bei vielen der hier in der Industrie verwendeten üblichen Prozeduren der Wärmeinhalt des Dampfes, der je nach seiner

Beschaffenheit beiläufig 600 bis 700 Kalorien beträgt, nahezu voll ausgenutzt. Nun kann prinzipiell auch zu allen diesen Zwecken elektrischer Strom verwendet und durch 1 kWh entsprechend dem Wärmeäquivalent des elektrischen Stromes zirka 1,4 kg Dampf ersetzt werden, was aber nur zirka 0,25 kg Kohle entspricht. Es müßte also, wenn elektrischer Strom für diese Zwecke vorteilhaft Verwendung finden soll, hier sehr billiger Strom zur Verfügung stehen.

γ) In den meisten Industrien findet sich aber eine kombinierte Dampfverwendung, indem der Dampf zuerst zur Krafterzeugung und ihre Abwärme zu Koch-, Heiz- und Trockenzwecken benutzt wird. Diese Art der zweifachen Ausnutzung des Dampfes ist die allervollkommenste, und es ist ein so niedriger Strompreis kaum denkbar, daß diese kombinierte Dampfverwendung, wie sie in vielen Industrien bereits eingeführt und dort, wo dies nicht der Fall ist, unbedingt anstrebenswert ist, durch elektrischen Strom ersetzt werden könnte. Denn es leisten z. B. 10 kg Dampf, zu deren Erzeugung zirka 1,7 kg Kohle erforderlich sind, bei dieser Kombination zunächst 1 kWh, und es erübrigen dann noch zirka 9 kg Abdampf, deren Wärmeleistung nur durch einen Aufwand von mindestens 7 kWh ersetzt werden könnte. In dieser Kombination sind also 10 kg Dampf oder 1,7 kg Kohle einer Strommenge von 8 kWh äquivalent. Der Ersatz von Kohle durch Strom kommt also günstigstenfalls in Frage, wenn 1 kWh weniger kostet als zirka 0,2 kg Kohle.

δ) Schließlich wird der Dampf auch oft zu chemischen Zwecken verwendet, wobei er in Flüssigkeiten eingeblasen wird, um mit der chemischen Wirkung auch noch mechanische Wirkungen zu erzielen, wie z. B. bei der Rohölverarbeitung. Hier kann von einem Ersatz des Dampfes durch elektrischen Strom natürlich überhaupt nicht die Rede sein.

Die vorstehende Aufzählung über die Verwendungsarten der Kohle und der aus ihr gewonnenen Wärme in der Industrie ist natürlich nicht vollständig. Es gibt noch Spezialverwendungen, die in Ausnahmefällen vorkommen können, aber hinsichtlich der hierbei in Frage kommenden Kohlenmenge belanglos sind.

VIII. Die Frage des Strompreises.

Es geht aus dem Vorhergehenden deutlich hervor, daß die Frage der Ersetzbarkeit der Kohle in der Industrie nicht ausschließlich von wärmetechnischen und elektrotechnischen und auch nicht von technologischen Momenten allein abhängig ist, sondern daß die Frage des Strompreises für die Ersetzbarkeit hierbei eine wichtige Rolle spielt.

Der Strompreis eines Wasserkraftelektrizitätswerkes hängt im wesentlichen von den Anlagekosten und von der Ausnutzung der Anlage ab. Ein beiläufiges Bild über die Größenordnung der hier in Frage kommenden Strompreise ist daraus zu gewinnen, daß die Anlagekosten eines Wasserkraftelektrizitätswerkes nach den gegenwärtigen Verhältnissen 800 bis 1600 Goldkronen pro Kilowatt betragen. Wenn man für Kapitaldienst, Amortisation usw. mit dem für heutige Verhältnisse niedrigen Prozentsatz von nur 11%, für Erhaltung, Bedienung, Reparaturen usw. 4% rechnet, so ergeben sich die Jahreskosten von 1 kW zu insgesamt 15% der vorn angegebenen Anlagewerte. Es kostet also das Kilowatt 120 bis 240 Goldkronen pro Jahr, und wenn es durch die ganzen 8600 Stunden des Jahres verwertet werden kann, würden die Kosten der Kilowattstunde rund 1,4 bis 2,8 Goldheller betragen. Nun wird aber wohl niemals ein ausgebautes Kilowatt vollständig, d. i. zu 100% ausgenutzt; meist liegt eine Ausnutzung von nur 2000 Stunden (z. B. 250 Tage zu 8 Stunden) in einzelnen Fällen von 4000 und in seltenen Fällen von 6000 Stunden im Jahr vor. Die hieraus resultierenden Stromkosten sind dann bei der Ausnutzung von

2000	Stunden	(23%)	 6	bis 12	Goldheller
4000	„	(45%)	 3	„ 6	„
6000	„	(68%)	 2	„ 4	„

Vorstehende Durchschnittsziffern der Gestehungskosten der Wasserkraftenergie können natürlich nicht die absolute Norm für den Preis der Kilowattstunde bilden. Es ist vielmehr in jedem einzelnen Fall Sache einer vernünftigen Preispolitik, den Strompreis der Art und Menge des Konsums so anzupassen, daß in Summe die vorn angegebenen Jahreskosten für das Kilowatt erreicht werden. Hierbei wird dann ein großer

Teil der Jahreskosten durch eine gewisse Anzahl von Konsumenten, welche höhere Preise zahlen, gedeckt sein und die restliche Energiemenge wird zu niedrigem Preise, aber eben auch nur zu jenen Tages- oder Nachtstunden, wo sie von ersteren Konsumenten nicht mehr gebraucht wird, abgegeben werden können. Diese Strommengen sind es, die man als Abfallenergie bezeichnet und auf welche wegen ihres niedrigen Preises große Hoffnungen vieler Kreise gesetzt werden. Die einen wollen die Abfallenergie, da sie eben nur dann vorhanden ist, wenn sie von anderen Abnehmern nicht gebraucht wird, in Form von Wärme aufspeichern und sie auf diese Weise für die Stunden des Wärmebedarfes bereitstellen, andere wollen sie für viele industrielle Zwecke elektro-chemischer Art verwenden, wobei allerdings nur solche Fabrikationszwecke in Frage kommen, die sich den vorhandenen Strommengen leicht anpassen können. Da es sich nun sowohl bei der Wärmeerzeugung, als auch bei den meisten elektro-chemischen Prozessen meist um den Bedarf von sehr großen Mengen billigen Stromes handelt, muß man sich doch auch die Frage vorlegen, auf welche Quantitäten von Abfallenergie gerechnet werden kann. Mit dieser Frage beschäftigt sich u. a. ein Referat, welches Direktor Ing. K r a t o c h w i l in dem Arbeitsausschuß für Abfallenergie in der Gesellschaft für Wärmewirtschaft gehalten hat*). In diesem für alle Fragen der Abfallenergie sehr lehrreichen Referat ist angeführt, daß besonders große Mengen von Abfallenergie zumindest für die nächste Zeit kaum zu erwarten sind, und es wird wohl auch in späterer Zeit nur ein kleiner Bruchteil der gesamten erzeugten Wasserkraftenergie als Abfallenergie verfüglich sein.

Diese Tatsache, welche im folgenden noch ziffernmäßige Belege erhalten wird, in Verbindung mit den Darlegungen des vorigen Kapitels, wonach der Ersatz von Kohle bei vielen Verwendungszwecken der Industrie sehr billige Strompreise voraussetzt und sehr große Strommengen erfordert, wird sohin die Ursache vieler getäuschter Erwartungen sein.

---

*) Das Referat: „Verwertung von elektrischer Abfallenergie" von Ing. K r a t o c h w i l, ist in der Zeitschrift „Sparwirtschaft" 2. Jahrgang, Hefte 1 bis 6, abgedruckt.

IX. Die Frage, ob Neuanlage oder Rekonstruktion.

Von großer Wichtigkeit für die Frage, ob elektrischer Strom oder Kohlenbetrieb in einem speziellen Falle billiger ist, ist auch der Umstand, ob es sich um die Neuherstellung einer Anlage oder um die Umwandlung einer bestehenden Anlage handelt.

Bei der Neuherstellung ist die Kalkulation in der Weise zu machen, daß man die Summe von Amortisations- und Verzinsungskosten der Dampfanlage einerseits und ihrer Kohlenkosten andrerseits gegenüberstellt der Summe der Investitions- und Verzinsungskosten der elektrischen Anlage zuzüglich den Stromkosten.

Wenn aber die Rentabilität der Umwandlung einer bestehenden, mit Kohle betriebenen in eine elektrisch betriebene Anlage zu untersuchen ist, so stehen den Verzinsungs- und Amortisationskosten der neuen elektrischen Anlage zuzüglich der Stromkosten nur die Kohlenkosten der vorhandenen Anlage gegenüber, da ja in der Regel diese letztere auch weiter amortisiert und verzinst werden muß, wenn sie nicht durch einen glücklichen Zufall günstig verkauft werden kann, was natürlich nur selten zu solchem Preise möglich ist, daß hierdurch die Rentabilität der neuen elektrischen Anlage wesentlich gefördert wird.

Um also die Umwandlung einer bisher mit Kohle betriebenen Anlage rentabel erscheinen zu lassen, muß der Strompreis, den das Elektrizitätswerk offeriert, niederer sein, als es bei Neuerrichtung der Anlage zulässig wäre.

Aus vorstehendem geht hervor, wie vielartig die Momente sind, welche mit in den Kreis der Erwägungen gezogen werden müssen. Und wenn es schon so eingehender Studien bedarf, um bei einem bestimmten vorliegenden Betrieb zu einem richtigen Schlußresultat zu kommen, so ist es um so viel schwerer, die Frage nach der Ersetzbarkeit der Kohle durch elektrischen Strom in einem ganzen Industriezweig zu beantworten. Nichtsdestoweniger soll im folgenden versucht werden, die Möglichkeit der Kohlenersparnisse durch den Wasserkraftausbau in den wichtigsten Industriezweigen näher zu ermitteln.

X. Der Kohlenbedarf der verschiedensten Industriezweige.

Um die in der Industrie erzielbaren Kohlenersparnisse einigermaßen überblicken zu können, ist es zunächst notwendig, den Kohlenverbrauch der Industrie in seine Komponenten nach den einzelnen Industriezweigen zu zerlegen, denn es hängt natürlich von der jedem einzelnen Industriezweig eigenen Art der Kohlenverwendung ab, ob und welche Kohlenmengen durch Elektrizität ersetzt werden können.

Die Erhebungen des Bundesministeriums für Handel und Verkehr erstrecken sich auch auf die einzelnen Industriegruppen und die Tabelle 5 enthält eine diesbezügliche Zusammenstellung der erforderlichen Kohlenmengen in den Jahren 1922 und 1923 und auch den „Normalbedarf".

Tabelle 5.

	Art der Industrie	Kohlenbedarf		
		1922	1923	Normal
		in 10^3 Tonnen		
	1	2	3	4
1	Eisen und Metall . . .	1800	1400	1900
2	Baustoff	250	200	600
3	Bergbau	470	400	400
4	Papier	340	320	400
5	Lebensmittel	200	260	360
6	Chemische	220	160	300
7	Textil	200	180	240
8	Keramik und Glas . .	70	70	120
9	Salinen	80	40	60
10	Leder.	30	40	60
11	Sonstige	40	50	60
	Summe . .	3700	3100	4500

XI. Die Eisen- und Metallindustrie.

Der Kohlenbedarf der Eisen- und Metallindustrie im Jahre 1923 betrug 1,400.000 t. Hierin sind zirka 400.000 t Koks enthalten, welcher größtenteils ausländischer (tschechischer) Provenienz ist und vornehmlich zu Verhüttungszwecken verwendet wird. Der Rest ist Stein- und Braunkohle und wird zum Teil in der Halbfabrikatenerzeugung, dann zu Schmiede- und ähnlichen Zwecken in der verarbeitenden Industrie und schließlich zu Zwecken der Krafterzeugung in Maschinen- und Metallwarenfabriken verwendet.

Der Koksverbrauch in der Roheisenherstellung beträgt 0,8 bis 1,2 t Koks pro Tonne Roheisen. Hierbei sind in den Abgasen der Hochöfen noch wertvolle Energiemengen enthalten, denn es entweichen pro Tonne Roheisen zirka 5000 m^3 Gas mit einem Heizwert von zirka 900 Kalorien. Ein Teil dieser Gasmenge (zirka 30%) wird für die Erhitzung des Gebläsewindes nutzbar verwertet, während das restliche Gas entweder zur Dampferzeugung in Dampfkesseln oder besonders in letzter Zeit fast ausschließlich zur Krafterzeugung in Gichtgasmaschinen verwendet wird. Hierbei können pro Tonne Roheisen zirka 600 kWh nahezu kostenlos gewonnen werden. Diese Kraftmenge reicht meist aus, um den Kraftbedarf des Hüttenwerkbetriebes zu decken; oft ist noch ein Überschuß vorhanden.

Nun läßt sich der Koksbedarf bei Erzeugung von Roheisen durch Verwendung von Elektrizität bis auf ein Drittel verringern, wenn an elektrischem Strom zirka 2,5 kWh pro Kilogramm Roheisen aufgewendet werden. Das Problem des elektrischen Hochofens kann aber heute noch nicht als allgemein gelöst betrachtet werden und es ist auch noch nicht festgestellt, ob die Roheisenerzeugung im elektrischen Ofen für die österreichischen Verhältnisse überhaupt in großem Stil in Frage kommt, denn die Möglichkeit der elektrischen Erzverarbeitung ist vorläufig nur bei verhältnismäßig reichen Erzen gegeben, wie sie stellenweise in Schweden vorkommen. Es hat aber der Elektrohochofen auch dort noch nicht jene Verbreitung gefunden, wie man es bei dem Vorhandensein großer Mengen elektrischer Wasserkraftenergie erwarten sollte. Zu all dem kommt noch die Frage der Rentabilität, welche den zulässigen Strompreis begrenzt: wenn die pro Kilogramm Roheisen aufzuwendende Strommenge von 2,5 kWh rund 0,7 kg Koks erspart, so entfällt auch die dem ersparten Koks entsprechende, aus den Gichtgasen gewonnene Kraftmenge von 0,6 kWh, welche dann ebenfalls durch elektrische

Energie gedeckt werden muß und es darf sohin der Preis für 3,1 kWh nicht höher sein als der Preis von 0,7 kg Koks. Bei einem Kokspreis von K 900 pro Kilogramm ergibt dies einen Kilowattstundenpreis von 630: 3,1 = 210 K = 1,4 Goldheller. Hierbei sind Nebenauslagen und insbesondere der Kapitalsdienst für die kostspieligen Investitionen außer acht gelassen.

Berücksichtigt man, daß der Elektrizitätsbedarf eines Hochofenbetriebes ein kontinuierlicher, die Herstellung von Elektroroheisen sohin nicht für Verwendung von nur in schwankenden Mengen anfallender Abfallenergie geeignet ist, so kommt man zu dem Schluß, daß an einen Ersatz des Koksverbrauches im Eisenhüttenwesen durch elektrische Energie in irgendeinem namhaften Ausmaß bei uns kaum zu denken ist.

In dem oben angegebenen Koksbedarf der Eisen- und Metallindustrie sind dann auch noch die verhältnismäßig geringen Koksmengen, welche in den Eisengießereien und in den Metallverhüttungsanlagen verwendet werden, enthalten. Auch diese Koksmengen sind durch elektrische Energie im nennenswerten Maße gewiß nicht zu ersetzen und sind übrigens auch nicht ausschlaggebend.

Von dem restlichen Brennmaterialbedarf der Eisen- und Metallindustrie von 1,000.000 t entfallen schätzungsweise 60%, d. s. 600.000 t auf metallurgische Zwecke aller Art. Hierher gehört die Erzeugung von Walz- und Stabeisen, Blechen u. dgl., dann die Erzeugung von Stählen aller Art. Ferner gehört hierher die Verarbeitung der verschiedenen Halbfabrikate zu Fertigprodukten (Verbrauch an Schmiedekohle, Temperkohle u. dgl.).

Ein großer Anteil der 600.000 t entfällt auf Stahlerzeugung und sonstigen Ofenbetrieb bei Walzwerken u. dgl. Nun ist der Kohlenverbrauch bei der Stahlerzeugung durch Anwendung von Elektrizität wesentlich zu verringern, ja es kann nach den bisherigen Ergebnissen der Kohlenbedarf von 0,3 bis 0,4 kg pro Kilogramm Stahl*) durch Aufwendung

*) Der Alpinen Montangesellschaft ist es im Jahre 1923 gelungen, den Kohlenverbrauch durch Verbesserung der wärmewirtschaftlichen Anlagen von 0,4 kg pro Kilogramm Stahl auf 0,25 kg herunterzudrücken (siehe Jahresbericht der Alpinen Montangesellschaft, erstattet im Juni 1924).

von 1 kWh vollständig erspart werden und es ist auch tatsächlich die Elektrostahlerzeugung in Österreich bereits vielfach eingeführt. Eine wesentliche Erweiterung des Verwendungsgebietes des Elektroofens für Stahlerzeugung ist aber aus Gründen der Rentabilität kaum zu erwarten. Jene hochwertigen Stähle, welche die erhöhten Kosten der elektrischen Herstellung vertragen, werden jetzt schon zum größten Teil im Elektroofen bei uns hergestellt. Für die elektrische Herstellung der gewöhnlichen Stahlsorten sind aber sehr niedere Strompreisgrenzen gesetzt: Es ergibt sich aus der Tatsache, daß durch 0,7 bis 0,8 kWh 0,3 bis 0,4 kg Kohle ersetzt werden, bei einem Kohlenpreis von K 600 pro Kilogramm, eine Preisgrenze von K 220 bis 300, d. s. zirka 1,5 bis 2 Goldheller für die Kilowattstunde, wobei aber alle sonstigen Mehrkosten des Elektroofens nicht berücksichtigt sind. Wenn man die hohen Investitionen, dann die höheren Manipulationskosten, den großen Steinverbrauch und insbesondere die hohen Kosten der Elektroden mit in Berücksichtigung zieht, kommt man auch hier auf einen Strompreis, der wesentlich unter 1,2 Goldheller gelegen sein muß. Es ergibt sich hieraus, daß der Kohlenverbrauch der Stahlerzeugung, welche gegenwärtig im Martinofen erfolgt, nicht ohne weiteres durch Elektrizität ersetzt werden kann. Hinsichtlich des Ersatzes des Kohlenbedarfes von Stoßöfen und sonstigen Walzwerköfen durch Elektrizität liegen die Verhältnisse noch ungünstiger, da hier noch nicht einmal Anfänge einer technischen Lösung dieser Probleme zu merken sind.

Ähnlich liegen die Verhältnisse bei der Herstellung von Halbfabrikaten aus Metall. Die Raffination von Metallen, welcher in Österreich nicht nur das hier produzierte Metall, sondern noch ein dreimal so großes Quantum eingeführter Metalle unterworfen wird, ist durch elektrische Verfahren fast nicht ersetzbar, weil die elektrischen Leitungseigenschaften der Metalle und ihrer Legierungen mit Ausnahme von Messing eine praktische Ofenkonstruktion nahezu unmöglich machen.

Es ist also auf dem gesamten Gebiete der Herstellung von Halb- und Fertigprodukten, insofern es sich hierbei um Zwecke der Fabrikation handelt, der Kohlenbedarf fast gar nicht durch Elektrizität zu ersetzen.

Schließlich bleibt von dem gesamten Kohlenbedarf der Eisen- und Metallindustrie noch ein Kohlenquantum von 400.000 t übrig, welches für Zwecke der Dampferzeugung verwendet wird. Der erzeugte Dampf wieder wird zum größten Teil für Krafterzeugung, zum geringeren Teil für Beheizungszwecke verwendet. In der Krafterzeugung sind auch die Dampfwalzwerke, Dampfhämmer, Dampfschmieden neben den normalen Dampfmaschinen, die für Elektrizitätserzeugung oder Transmissionsbetrieb verwendet werden, enthalten.

Bis auf die Dampfhämmer und Dampfschmieden lassen sich alle diese Kraftverbrauchsstellen elektrisch antreiben und es kann von dem Kohlenbedarf zur Dampferzeugung ein namhafter Teil erspart werden, wenn die notwendige Energie anders erzeugt wird. Zur Erzielung dieser Ersparnis kommen aber die Wasserkräfte erst in zweiter Linie in Frage, denn die Hüttenindustrie hat bereits andere Wege beschritten, welche sehr erfolgreich sind: Die beträchtlichen Abwärmemengen, die allseits von den Öfen anfallen, bieten die Möglichkeit nahezu kostenloser Krafterzeugung und lassen, bei entsprechend ökonomischer Verwertung, auch noch die Abgabe billigen Stromes an auswärtige Konsumenten zu. So enthält der Jahresbericht der Alpinen Montangesellschaft pro 1923 die Mitteilung, daß sie außer der Deckung des eigenen Bedarfes durch sehr billige selbst erzeugte Energie noch 8000 bis 9000 kW wird abgeben können. In diesem bedeutendsten Industrieunternehmen Österreichs, dessen Kohlenverbrauchs- und Energieverhältnisse jedenfalls für die hier behandelten Fragen in der Eisenindustrie ausschlaggebend sind, werden daher hydroelektrische Überlandwerke naturgemäß nur sehr bescheidenen Stromabsatz finden. Derartige wärmewirtschaftliche Verbesserungen werden aber, wenn auch in kleinerem Umfange, vielfach durchgeführt und die Möglichkeit den Energiebedarf im eigenen Wirkungskreis ökonomisch zu decken, wird dem Bezuge elektrischer Energie von auswärts auch wegen der größeren Unabhängigkeit vorgezogen.

Berücksichtigt man alle diese gegenwärtig schon erzielten und in nächster Zukunft bevorstehenden Erfolge wärmewirtschaftlicher Bestrebungen, so kann auch von dem Kohlenbedarf zur Dampferzeugung in der Eisenindustrie nur ein geringer Prozentsatz für den Ersatz durch Wasserkraftenergie in Frage kommen. Schätzt man ihn aber selbst auf 50% ein, so ergibt dies vom gesamten Kohlenbedarf der Eisenindustrie nur 15%. Rechnet man für die anderen Verbrauchsstellen, so unwahrscheinlich es auch auf Grund vorstehender Ausführungen erscheint, noch 5% hinzu, so ergibt sich die durch die Wasserkräfte zu gewärtigende Kohlenersparnis der ganzen Eisenindustrie zu maximal 20%.

XII. Die Baustoffindustrie.

Von dem gesamten, auf die „Baustoffe" entfallenden Kohlenbedarf des Jahres 1923 von 194.000 t, entfallen auf die Zementindustrie 81.000 t. Der restliche Bedarf entfällt auf die übrigen Baustoffindustrien.

Die Zementindustrie, welche über 17 Fabriken in Österreich verfügt, von denen 12 mit Wasserkraftanlagen versehen sind und 5 ohne Wasserkraftanlagen arbeiten, hat eine gesamte Leistungsfähigkeit von 75.000 bis 80.000 Waggons pro Jahr bei voller Ausnutzung aller ihrer Fabriken. Der Bedarf des heutigen Österreich kann bei normalen Verhältnissen des Bauwesens, wie sie etwa in den letzten Vorkriegsjahren herrschten, mit 46.000 Waggons angenommen werden.

Der tatsächliche Zementbedarf des Jahres 1923 betrug rund 32.000 Waggons, von denen zirka 8000 Waggons importiert wurden, so daß die österreichische Zementindustrie zur Deckung des österreichischen Bedarfes 24.000 Waggons Zement beigetragen hat. Die tatsächliche Produktion der österreichischen Zementindustrie ist, da die Zementvorräte zu Ende des Jahres 1923 um zirka 2000 Waggons größer waren als zu Anfang des Jahres 1923 26.000 Waggons gewesen.

Diese Zementmenge wurde zu 80% in jenen Fabriken erzeugt, welche eigene Wasserkraftanlagen besitzen. Die Fabriken, in denen die restlichen 20% erzeugt wurden, haben ihre Kraft zum Teile in eigenen Dampfkraftzentralen erzeugt, zum Teile sind sie an Überlandnetze angeschlossen, welche den Strom aus kalorischen Zentralen erhalten.

Der Kraftbedarf bei der Erzeugung von künstlichem Portlandzement beträgt 0,08 bis 0,12 kWh pro Kilogramm

Zement, und zwar gilt die kleinere Ziffer für Schachtofen- und Ringofenzement, während die Fabriken, welche mit Drehrohröfen arbeiten, wegen der Mechanisierung des Brennprozesses, dann wegen der notwendigen Vermahlung der Ofenkohle zu Kohlenstaub und wegen der größeren Härte des Brennproduktes, des Zementklinkers, erheblich größeren Kraftverbrauch aufweisen. Es wird also bei jenen Zementfabriken, bei welchen die Betriebskraft aus Kohlen erzeugt werden muß, pro Kilogramm Zement 800 bis 1200 WE, d. i. 0·15 bis 0·2 kg Kohle von rund 6000 WE für die Krafterzeugung zu rechnen sein.

Der Brennstoffverbrauch beim Brennen des Zementes beträgt bei Schachtöfen und Ringöfen rund 1000 WE, bei Drehöfen je nachdem trockene oder nasse Aufbereitung der Rohstoffe statthat und nach deren Beschaffenheit, einschließlich der Trocknung der zu vermahlenden Ofenkohle 1700 bis 2300 WE pro Kilogramm Zement, was rund 0,3 bis 0·4 kg Kohle von 6000 WE entspricht.

Der Brennstoffbedarf der Zementproduktion des Jahres 1923 kann demnach veranschlagt werden wie folgt:

Für 20.000 Waggons mittels Wasserkraft erzeugten Zementes rund	54.000 t
für 6000 Waggons mittels kalorischer Kraft erzeugten Zementes rund	27.000
für 26.000 Waggons Zement rund	81.000 t

Von diesem Kohlenverbrauch könnten durch Wasser kraft zunächst nur jene Kohlenmengen ersetzt werden, welche zur Krafterzeugung verwendet werden, d. s. für 6000 Waggons Zement rund 11.000 t Kohle, d. h. daß vom gesamten Kohlenverbrauch der Zementindustrie des Jahres 1923 rund 14% durch Wasserkraft ersetzbar wären.

Was nun die Verhältnisse bei starker Produktion in der Zementindustrie betrifft, wurde schon einleitend erwähnt, daß der gesamte Bedarf Österreichs mit 46.000 Waggons anzunehmen ist und daß die gesamte Leistungsfähigkeit der österreichischen Zementfabriken rund 75.000 Waggons beträgt. Nun verfügen die österreichischen Zementfabriken über eigene Wasserkraftanlagen mit zirka 7500 ausgebauten Pferdestärken, welche durch 7200 Stunden im Jahr in Anspruch genommen werden können und nach den oben angegebenen Kraftverbrauchsziffern bei der Zementindustrie für eine Fabrikation von 40.000 bis 45.000 Waggons ausreichen. Es könnte sohin der gesamte Inlandbedarf gedeckt werden durch Zement, der mit Hilfe der den Zementfabriken gehörigen Wasserkräfte erzeugt wird, wenn nicht gewisse fabrikatorische, soziale und lokale Verhältnisse gegen eine derartige einschränkende Ausnutzung sprächen. Für die 40.000 bis 45.000 Waggons überschreitende Produktion müßte die notwendige Kraft jedenfalls entweder durch Strom aus neuen Wasserkraftanlagen oder durch kalorische Energie gedeckt werden, und zwar kämen bei gesamter Ausnutzung der maximalen Kapazität der Zementfabriken zirka 30.000 Waggons Zement in Frage, welche für die Kraftzwecke rund 45.000 t Kohle oder einen Strombezug von 30,000.000 kWh erfordern würden.

Bei maximaler Ausnutzung der Kapazität der österreichischen Zementindustrie, also bei Erzeugung von etwa 75.000 Waggons Zement würden sohin

für 45.000 Waggons Zement, mit eigener Wasserkraft erzeugt und zum Brennen verbraucht . . .	120.000 t
für 30.000 Waggons Zement, mit kalorischer Kraft erzeugt und insgesamt verbraucht	130.000 t
für 75.000 Waggons sohin zusammen	250.000 t

Kohle und Koks von rund 6000 WE gebraucht werden, von welchem Kohlenquantum aber nur zirka 45.000 t, d. s. 18% durch Wasserkraft ersetzt werden könnten.

Es ergibt sich also aus den tatsächlichen Produktionsverhältnissen des Jahres 1923 eine, durch den Ausbau der Wasserkräfte erzielbare maximale Kohlenersparnis von 13% und bei maximaler Ausnutzung der Leistungsfähigkeit der österreichischen Zementfabriken von 18%.

Nachdem, wie im vorstehenden ausgeführt, für die Kraftzwecke der Zementindustrie durch 1 kWh 1,5 bis 2 kg Kohle erspart werden können, kommt ein Strompreisäquivalent des Kohlenverbrauches von mindestens K 900 pro Kilowattstunde in Frage (bei einem Kohlenpreis von K 600 pro Kilogramm). Dies würde 6 Goldhellern, also einem Strompreis entsprechen, der bei den guten Belastungsverhältnissen als günstig zu bezeichnen ist.

Im vorstehenden ist von dem Ersatz der zur Energieerzeugung verwendeten Kohlen durch elektrischen Strom gesprochen worden. Es kann aber auch durch elektrischen Strom die zum Brennen verwendete Kohle ersetzt werden. In Schweden gibt es bereits derartige Anlagen und doch ist das Problem wärmetechnisch insofern noch nicht befriedigend gelöst, als der Energieverbrauch ein außerordentlich hoher ist. Die Rentabilität ist daher an äußerst niedrige Strompreise gebunden; es kann die Verwendung elektrischer Energie zum Brennen erst bei Strompreisen von wenigen Zehntel Goldhellern pro Kilowattstunde in Frage kommen.

Bei allen vorstehenden Erörterungen ist aber außer acht gelassen, daß die Entwicklung der Wärmetechnik noch große Fortschritte in der Zementindustrie erzielen läßt, die in der Verwendung der Abwärme der Drehrohröfen gelegen sind. Die Heizgase verlassen diese Öfen mit einer sehr hohen Temperatur (450 bis 700° C) und die in ihnen enthaltene Wärme kann zur Beheizung von Abhitzkesseln und zur kostenlosen Erzeugung von großen Dampfmengen verwendet werden. Der hier erzeugte Dampf kann die billige Beschaffung von Kraftmengen, welche den Eigenbedarf der betreffenden Zementfabrik decken, ermöglichen. Von diesem Gesichtspunkte aus könnte von einer Kohlenersparnis durch Benutzung fremder Wasserkraftelektrizität in der Zementindustrie kaum die Rede sein.

Der restliche Kohlenbedarf der Baustoffindustrie von 113.000 t entfällt insbesondere auf die Erzeugung von Ziegeln, Gips und Kalk, in welchen Industrien ein Ersatz des Kohlenverbrauches durch elektrische Energie nur zum allergeringsten Teile denkbar ist. Es kann sich hier nur auf den Betrieb der Aufbereitungsmaschinen, um Mischvorrichtungen und Pressen, Fördereinrichtungen u. dgl. handeln, deren Antrieb durch Elektrizität erfolgen könnte. Da aber viele dieser industriellen Betriebe mit Handarbeit arbeiten und keine kalorisch erzeugte Kraft verwenden, kann die gesamte hier erzielbare Kohlenersparnis nur mit maximal 6% angenommen werden.

XIII. Der Bergbau.

Im Bergbau ist in den letzten Jahrzehnten ebenso wie in allen anderen Industriezweigen immer mehr und mehr der elektrische Betrieb eingeführt worden. Die Förderanlagen werden vielfach nicht mehr durch Dampfmaschinen angetrieben, sondern es wird elektrisch gefördert. Ebenso erfolgt der Antrieb der Aufbereitung durch Elektromotoren in Einzel- oder Gruppenantrieb und es gibt fast keine größere Bergwerksanlage, wo nicht in den letzten Jahrzehnten im größten Stil elektrifiziert wurde. Der in den Bergbaubetrieben aber verwendete elektrische Strom wird zumindest dort, wo Kohle gefördert wird, meist im eigenen Betriebe aus Kohle erzeugt, liegt doch die Gewinnung der erforderlichen Energie aus Kohle dem Kohlenbergwerk weitaus näher, als die Verwendung von Wasserkraftenergie. Bei dieser Gelegenheit sei darauf hingewiesen, daß derartige nicht rein wirtschaftliche Momente in vielen Industriezweigen eine große Rolle spielen und auch weiterhin spielen werden. Eine Ziegelbrennerei wird beispielsweise einen gemauerten Schornstein, für den es die Formsteine selbst erzeugt, jedenfalls einer eisernen Esse vorziehen; sie wird auch ihre Häuser am liebsten mit Dachziegeln und nicht mit anderen Materialien, Eternit o. dgl., decken. Aus dem gleichen Grunde zieht ein Kohlenwerk die Erzeugung von Kraft aus Kohle vor. Hierzu kommt aber noch die wichtige Tatsache, daß jedes Kohlenwerk jederzeit über Kohlenabfälle verfügt, welche nicht oder nur schlecht abgesetzt werden können und ihre beste Verwendung zur Erzeugung der benötigten Energie im Kohlenwerk selbst finden. Der Ersatz der auf diese Weise erzeugten elektrischen Energie durch Wasserkraftstrom würde sohin keinerlei Vorteile bieten und es kann aus diesen Gründen im Bergbau auf keine nennenswerte Ersparnis durch Bezug von Wasserkraftenergie gerechnet werden.

XIV. Die Papierindustrie.

In der Papierindustrie, deren Kohlenbedarf unter normalen Verhältnissen insgesamt 400.000 t beträgt, werden zur Trocknung des Papieres 3—4 kg Dampf pro Kilogramm Papier, in der Zelluloseindustrie wird zum Kochen 2—3 kg Dampt und zum Trocknen zirka 2 kg Dampf pro Kilogramm Zellulose gebraucht. Es kann also für diesen durch elektrischen Strom nicht zu deckenden Wärmeverbrauch mit einem Bedarf von rund 0·8 bis 0·9 kg Kohle pro Kilogramm Fabrikat gerechnet werden. Nachdem im Jahre 1923 zirka 152.000 t Papier und zirka 128.000 t Zellulose erzeugt und hierzu zirka 300.000 t Kohle verbraucht wurden, von dieser Kohlenmenge aber zirka 250.000 t auf Koch-, Heiz- und chemische Zwecke entfallen, kann günstigenfalls nur der Rest von 50.000 t Kohle, das sind sohin 15% des Kohlenverbrauches der Papierindustrie durch Wasserkraftstrom ersetzbar sein.

Der Holzstoff, zu dessen Erzeugung viel Kraft benötigt wird (pro kg Holzstoff zirka 2 Pferdekraftstunden) wird ohnedies heute schon fast ausschließlich mittels Wasserkraftenergie erzeugt. Die Bedeutung, welche der Ausbau der Wasserkräfte für die Holzstoffindustrie unzweifelhaft hat, liegt nicht auf dem Gebiete der Kohlenersparnis und wird noch an anderer Stelle entsprechend gewürdigt werden.

XV. Die Lebensmittelindustrie.

Die Lebensmittelindustrie läßt sich nach der Art der Verwendung der Kohle in 3 Gruppen teilen:

In die erste Gruppe gehören alle jene Industrien, welche vornehmlich Dampf für Koch- und Heizzwecke brauchen. Hierher gehören wichtige Industriezweige, wie Spiritus-, Bier-, Preßhefe-, Zucker- und Konservenerzeugung u. a. Alle diese Industrien können ihren Kohlenbedarf durch elektrische Energie, wie aus den vorhergehenden Ausführungen hervorgeht, nicht ersetzen.

In die zweite Gruppe gehören jene Lebensmittelindustrien, welche die Kohle für Back-, Dörr-, Brenn- und ähnliche Zwecke in Öfen verfeuern. Zu diesen Industrien sind die Bäckereien, Teigwaren-, Kaffeesurrogat- und ähnliche Fabriken zu zählen. Auch hier ist ein Ersatz der Kohle durch elektrischen Strom in größerem Maße nicht oder nicht in absehbarer Zeit anzunehmen. Es ist zwar schon versucht worden, mit elektrischen Backöfen zu arbeiten, und es sind auch im gewissen Grade Erfolge erzielt worden. So hat man in der Schweiz schon im Jahre 1911 elektrisch gebacken, und es stehen heute in Zürich allein etwa 500 elektrische Backöfen im Betriebe. Der für das elektrische Backen zulässige Maximalstromkreis ergibt sich beiläufig aus der Erwägung, daß in einem größeren Ofen 3 kWh an Strom erforderlich sind, um 1 kg Kohle zu ersetzen. Es muß also die Kilowattstunde weniger kosten als 0·3 kg Kohle, und zwar um ein beträchtliches weniger, weil natürlich auch die Investitionskosten für einen elektrischen Ofen höher sind als für einen normalen. Allerdings haben Versuche ergeben, daß beim elektrischen Backen noch andere Vorteile auftreten, insbesondere soll das Schrumpfmaß bei einem Laib Brot um 2—3% geringer sein, wenn im elektrischen Ofen gebacken wird. (Siehe: Kratochwil: „Verwertung von elektrischer Abfallenergie" a. a. O.) Es ist auch bei uns in Fachkreisen des Bäckergewerbes schon vielfach das elektrische Backen erwogen worden, es ist aber nur zu einem kurzen Versuch gekommen, durch welchen es sich herausstellte, daß bei den gegenwärtigen Strompreisen von einer Rentabilität des elektrischen Backens keine Rede sein kann. Es ist auch fraglich, ob später einmal Wasserkraftstrom zu so billigen Preisen zur Verfügung steht, daß die Kosten von 3 kWh wesentlich geringer sind als der Preis von 1 kg Kohle, und schließlich kommt, wenn auch die Preisfrage im günstigen Sinne erledigt wäre, noch der ungeheure Konservativismus in Betracht, der gerade den Vertretern des Bäckereigewerbes im allgemeinen innewohnt. So erwünscht es sohin nicht nur aus wirtschaftlichen, sondern auch aus wichtigen anderen Gründen, wie biespielsweise Rauchplage u. dgl. wäre, elektrisch zu backen, kann wohl mit einer wesentlichen Verringerung des Kohlenverbrauches zu diesen Zwecken nicht gerechnet werden.

In die dritte Gruppe gehören einige wenige Zweige der Lebensmittelindustrie, welche Kohle ausschließlich zur Krafterzeugung verwenden, das sind in erster Linie Mühlen. Nun sind von den gesamten Mühlen in Österreich, welche eine Gesamtvermahlungsfähigkeit von 350 Waggons Getreide täglich besitzen, nur 15% mit Kohlenkraftantrieben versehen (Dampfmühlen), während 55% bereits eigene Wasserkraftanlagen besitzen und der Rest an Überlandnetze angeschlossen ist.

Wenn sämtliche Mühlen voll in Betrieb stehen (sie reichen zur Vermahlung der österreichischen Getreideproduktion voll aus), werden sohin 160.000 t Getreide pro Jahr mittels Kohle vermahlen. Da pro Tonne Getreide 100 kg Kohle gebraucht werden, ist der gesamte Kohlenbedarf der Müllerei in Dampfmühlen bei Vollproduktion 16.000 t, welche durch Wasserkraft voll ersetzbar sind. Rechnet man noch mit beiläufig dem gleichen Kohlenquantum die übrigen Betriebe der Nahrungsmittelbranche hinzu, obwohl ihre Elektrifizierung wohl noch sehr langsam und mit nur geringen Erfolgen vor sich gehen dürfte, kommt man auf die Ersparnismöglichkeit von 10% des Kohlenbedarfes der Lebensmittelindustrie.

XVI. Die chemische Industrie.

In der chemischen Industrie ist nur in den wenigsten Fällen ein Übergang auf elektrischen Betrieb möglich, da die Kohle hier zum größten Teil chemischen und technologischen und hauptsächlich thermischen Zwecken aller Art dient. Jene Betriebe der chemischen Industrie, welche ihrer Natur nach auf elektrischen Strom angewiesen sind, sind auch heute schon zum größten Teil mit größeren Wasserkraftanlagen versehen oder an Überlandnetze angeschlossen. Daß es nur wenige Betriebe dieser Art in Österreich gibt und daß dieser Industriezweig großer Erweiterung fähig ist, wenn der Ausbau der Wasserkräfte die Voraussetzung hierzu bietet, wird noch eingehend erörtert werden.

Größere Dampfzentralen finden sich in der chemischen Industrie zur reinen Krafterzeugung fast nicht mehr vor; die wenigen Dampfkraftzentralen, welche noch nicht für Abdampfverwertung eingerichtet sind, sind meist zu dieser Art des Betriebes viel besser geeignet, als zum Bezug von Fremdstrom aus Wasserkraftnetzen. Wenn also hier mit der Möglichkeit gerechnet wird, 15% des Kohlenbedarfes durch elektrischen Strom zu ersetzen, so ist hiermit wohl das Maximum des Erzielbaren angenommen.

XVII. Die Textilindustrie.

In der Textilindustrie ist die Kohle in höherem Maße durch elektrischen Strom ersetzbar. Dies gilt insbesondere für Spinnereien und zum Teil für Webereien. Dahingegen kann ein Ersatz der Kohle durch Elektrizität in Färbereien, Bleichereien und in den meisten Zweigen der Appretur wegen des großen Bedarfes an Dampf für Fabrikationszwecke nicht wirtschaftlich sein. Nun ist gerade die letztere Art von Betrieben bei uns in Österreich besonders stark vertreten, andrerseits sind die Spinnereien bereits zum größeren Teil mit Wasserkraftanlagen versehen. Vielfach sind Textilfabriken auch an vorhandene Überlandnetze schon angeschlossen. 14 Textilfabriken südlich von Wien sind an das Netz der Gemeinde Wien nicht nur als Stromabnehmer, sondern auch als Stromlieferanten angeschlossen, d. h. sie liefern Strom in das Netz zu Zeiten, wo sie Überschuß haben, ein mustergültiges Beispiel der Abfallenergieverwertung. (Näheres s. Archiv für Wärmewirtschaft, 5. Jahrg., H. 12, S. 229, herausgegeben vom Verein deutscher Ingenieure, Berlin.) Unter diesen Verhältnissen kann jene Kohlenmenge, welche zu reinen Krafterzeugungszwecken heute noch in eigenen Dampfkraftanlagen verwendet wird und durch Elektrizität ersetzt werden kann, nur mit maximal 20% des Vollbedarfes angenommen werden.

XVIII. Die keramische und Glasindustrie.

In der keramischen und Glasindustrie kommt der Ersatz von Kohle durch elektrischen Strom höchstens für einige kleine motorische Zwecke in Frage, wie für den Antrieb von Zerkleinerungsmaschinen, Mischmaschinen, Aufzügen und andere Transporteinrichtungen u. dgl. Die hierzu benötigten Kraftmengen sind gering und die Kohlenmenge, welche durch Elektrifizierung mittels Wasserkraftstrom hier erspart werden kann, kommt gegenüber dem übrigen Kohlenverbrauch zu Heizungs- und Trockenzwecken, welcher durch Strom nicht rationell ersetzbar ist, bei diesem Industriezweige überhaupt nicht in Betracht.

XIX. Die Salinen.

Die Salinen haben einen Vollbedarf von 60.000 t Kohle, welche zum allergrößten Teil für Sudzwecke verwendet wird, und es ist hier ein Ersatz durch elektrischen Strom bei den gegenwärtigen Prozeduren in absehbarer Zeit kaum anzunehmen, es sei denn, daß die Wärmepumpe, welche schon im Jahre 1860 im Salinenbetrieb erprobt wurde, neuerlich wieder aufgegriffen und mit ihrer Hilfe der elektrische Sudbetrieb durchgeführt wird. Wenn man sich in dieser Hinsicht den kühnsten Hoffnungen hingibt, könnte für spätere Zeit vielleicht mit einer Kohlenersparnis von maximal 40% gerechnet werden.

XX. Die Lederindustrie.

In der Lederindustrie ist eine Ersparnis der verbrauchten Kohle durch Strom unter Berücksichtigung der hier in Frage kommenden Prozeduren nur in sehr geringem Maße möglich, denn, wenn hier Dampfkraft verwendet wird, kommt eine vorteilhafte Abdampfverwertung in Frage. Es kann hier maximal mit einer Kohlenersparnis von 10% gerechnet werden.

XXI. Sonstige Industrien.

Unter den sonstigen Industrien befinden sich die verschiedenartigsten Zweige, welche aber insgesamt hinsichtlich ihres Kohlenbedarfes eine untergeordnete Bedeutung haben, was auch schon daraus hervorgeht, daß der gesamte Kohlenverbrauch dieser „sonstigen Industrien" nur etwas mehr als 1% der gesamten für industrielle Zwecke verfeuerten Kohle beträgt.

Zu diesen Industrien gehören auch große und wichtige Betriebe, wie beispielsweise die Industrie der Holzgewinnung und Holzverarbeitung, bei welcher übrigens Kraft und auch vielfach Dampf in größerer Menge benützt wird. Hier werden aber bekanntlich die Holzabfälle zur Dampferzeugung verwendet, Kohle kommt überhaupt nicht oder nur in geringen zusätzlichen Mengen in Frage. Die Verwendung elektrischen Wasserkraftstromes kommt bei der Holzindustrie für Zwecke des mechanischen Antriebes möglicherweise hier oder dort in Betracht, in der Regel wird aber die Erzeugung der Kraft mittels Dampfmaschinen unter Verfeuerung der sonst nicht verwendbaren Holzabfälle billiger sein. Infolgedessen ist dieses besonders für Österreich wichtige Wirtschaftsgebiet für die vorliegende Studie nicht von Belang.

Ähnlich verhält es sich mit den anderen hierher gehörigen Industrien. Immerhin sei mangels genauer Unterlagen angenommen, daß 50% des Kohlenverbrauches dieser Industrien durch Wasserkraft ersetzbar seien.

XXII. Zusammenfassung der durch Wasserkraftstrom in der Industrie erzielbaren Kohlenersparnisse.

Die Ergebnisse der in den Abschnitten XI bis XXI hinsichtlich der 11 verschiedenen Industriezweige angestellten Betrachtungen sind in der Tabelle 6 zusammengefaßt. Es ist dort neben dem normalen Kohlenbedarf der einzelnen Industriezweige, wie er schon in Tabelle 5 angegeben war, zunächst in der Ziffernkolonne 3 und 4 die durch Wasserkraft ersetzbare Kohle sowohl in Prozenten des Normalbedarfes als auch in Tonnen verzeichnet, so wie dies sich aus den vorhergehenden Abschnitten ergibt. In der Kolonne 5 ist die Strommenge in Kilowattstunden angegeben, welche erforderlich ist, um die in der 4. Kolonne verzeichnete Kohlenmenge durch elektrische Energie zu ersetzen. Hierbei sind aber schon möglichst günstige Verhältnise vorausgesetzt, indem den Erfolgen der Elektrotechnik weit vorgegriffen und auch angenommen ist, daß die Verwendung der Elektrizität zu diesen Zwecken unter den günstigsten Bedingungen erfolgt.

In der letzten Ziffernkolonne ist die Größe der zur Erzeugung dieser Strommengen erforderlichen Wasserkraftanlagen in Pferdekräften angegeben, wobei auf die Eigenheiten der betreffenden Industriezweige hinsichtlich der Schwankungen im Strombedarf Rücksicht genommen ist. Im übrigen sind auch hier möglichst günstige Verhältnisse vorausgesetzt und es ist je nach den verschiedenen Industriezweigen mit 2000 bis 5000 Benutzungsstunden, also mit einer Ausnutzung der Wasserkraftanlage von 23—58% gerechnet. Derartig günstige Ausnutzungen können nur unter entsprechend geregelten Betriebsverältnissen und bei Ausgleich der Schwankungen durch Zusammenfassung verschiedener Verbrauchsstellen bei gleichzeitig möglichster Speicherung auftreten.

Das Gesamtergebnis für die österreichische Industrie geht aus den Summenziffern der Tabelle 6 hervor.

Von dem Normalbedarf der Industrie von 4,500.000 t Kohle können 690.000 t, das sind 15%, durch Wasserkraft ersetzt werden. Hierzu sind an elektrischer Energie 770,000.000 kWh erforderlich, zu welchem Zwecke Wasserkraftanlagen von 290.000 PS in Betrieb stehen müßten.

Unter diesen Ziffern fällt insbesondere der geringe Anteil, den die durch Wasserkraft ersetzbare Kohle an gesamten Kohlenbedarf hat, besonders auf. Die Tatsache, daß nur 15% des Kohlenbedarfes der Industrie durch Wasserkraftstrom in absehbarer Zeit ersetzbar ist, steht in großem Gegensatz zu anderen Ziffern, welche in dieser Hinsicht in den letzten Jahren vielfach genannt wurden, obwohl bei den vorstehenden Ermittlungen die weitestgehenden Voraussetzungen im Interesse möglichst großer Ersetzbarkeit gemacht worden sind. Immerhin bedeutet die Ersparnis von 690.000 t Kohle pro Jahr, wenn hierdurch der Import ausländischer Kohle um diese Menge verringert wird, eine Verbesserung unserer Handelsbilanz um rund

28 Millionen Goldkronen, welchem Betrage die Investitionskosten für 290.000 Wasserkraft-PS, das sind schätzungsweise rund 290 Millionen Goldkronen gegenüberstehen.

Tabelle 6.

	Industrie	Normaler Kohlenbedarf d. Industrie 10³ t	Durch Wasserkraft ersetzbare Kohle %	Durch Wasserkraft ersetzbare Kohle 10³ t	Erforderliche elektrische Energie 10⁶ kWh	Erforderliche Wasserkraft 10³ PS
	1	2	3	4	5	6
1	Eisen und Metall	1900	20	380	470	170
2	Baustoff	600	10	60	45	15
3	Bergbau	400	—	—	—	—
4	Papier	400	15	60	55	20
5	Lebensmittel	360	10	36	36	18
6	Chemische Industrie . . .	300	15	45	60	20
7	Textilindustrie	240	20	48	60	25
8	Keramische u. Glasindustrie	120	—	—	—	—
9	Salinen	60	40	24	8	2
10	Leder	60	10	6	6	4
11	Sonstige	60	50	31	30	16
12	Summe	**4500**	**15**	690	770	**290**

XXIII. Geringfügigkeit der Kohlenersparnis gegenüber anderen wirtschaftlichen Vorteilen des Wasserkraftausbaues.

Der Ausbau der Wasserkräfte wird also für unsere bodenständige Industrie, d. h. für ihre derzeit bestehenden Betriebe, insoweit die Kohlenfrage in Betracht kommt, lange nicht jene Bedeutung haben, welche ihm gemeiniglich zugesprochen wird, und es ist interessant zu untersuchen, worin denn die irrtümliche Annahme der überaus großen Kohlenersparnisse, welche dem Ausbau der Wasserkräfte zugesprochen werden, ihre tiefere Ursache hat. Eine allgemein technische Ursache dieses Irrtums wurde im Kapitel VII bereits besprochen. Eine weitere mehr volkswirtschaftliche Ursache liegt hauptsächlich in der ungenügenden Berücksichtigung der Besonderheiten der österreichischen Industrie:

Österreich ist seit den Anfängen seiner industriellen Entwicklung ein kohlenreiches Land gewesen und die gesamte Industrie hat sich auf der Voraussetzung des Kohlenreichtums aufgebaut. Es sind infolgedessen bei uns vornehmlich jene Industriezweige vertreten, bei welchen die Verwendung von Kohle mittelbar oder unmittelbar für die verschiedensten Fabrikationsprozeduren erforderlich ist. Zumindest war für die österreichische Wirtschaft niemals ein Grund vorhanden, jenen Industrien, welche vornehmlich Kohle brauchen, aus dem Wege zu gehen. In dieser Hinsicht herrschten eben bei uns ganz andere Verhältnisse als in jenen Ländern, welche jetzt zum Vergleich mit Österreich herangezogen werden, wie die Schweiz, Schweden oder andere kohlenarme Staaten. Diese Länder befanden sich seit jeher im Zustand der Kohlenarmut und es hat sich infolgedessen dort die Industrie von ihren Anfängen an auf ganz anderen Voraussetzungen aufgebaut. Es stehen daher dort auch jene Industriezweige im Vordergrund, bei welchen der Kohlenverbrauch möglichst gering ist und vornehmlich elektrische Wasserkraftenergie gebraucht wird. Für die Industrie in diesen Ländern haben sohin die Wasserkräfte seit jeher eine wichtige Bedeutung gehabt. Infolgedessen ist der Vergleich der industriellen Verhältnisse bei uns mit den Verhältnissen in jenen Ländern im derzeitigen Stadium unzulässig.

In allen jenen Industrien, welche als Resultat einer jahrzehntelangen Entwicklung heute in Österreich vorhanden sind, wird die Kohle nach wie vor eine wichtige Rolle spielen; 85% unseres industriellen Kohlenverbrauches können selbst unter den günstigsten Voraussetzungen bei den derzeit bestehenden Industrien nicht durch Wasserkraft ersetzt werden, und es wird erforderlich sein, ihnen diese Kohlenmenge auch weiterhin zu beschaffen, oder aber die einzelnen Betriebe der betreffenden Indutriezweige stillzulegen.

Die Weiterentwicklung, das Gedeihen oder Verkümmern der vorhandenen industriellen Betriebe hängt also nach wie vor auch wesentlich davon ab, wie sich die Kohlenbeschaffung in Hinkunft stellen wird. Die Umstellung unserer Industrie auf die durch den Krieg hervorgerufenen geänderten Verhältnisse in der österreichischen Energiewirtschaft kann nur zum geringen Teil in der Weise erfolgen, daß in bestehenden Industrien Kohle durch Wasserkraftstrom ersetzt wird; der weitaus größere Teil der Umstellung wird in anderer Weise erfolgen müssen: Es werden neben den vorhandenen Industrien neue Industriezweige entstehen müssen, welche auf den jetzt herrschenden Verhältnissen der Kohlenarmut aufgebaut sind und bisher mangels entsprechender Wasserkraftenergie mehr oder weniger vernachlässigt waren.

Während nun auf der einen Seite die Erwartungen hinsichtlich Kohlenersparnis durch Ausbau der Wasserkräfte allgemein zu hoch geschraubt erscheinen, wird von den Möglichkeiten, welche sich in der andern Richtung, nämlich in der Schaffung neuer Industrien auf Basis des Wasserkraftreichtums ergeben, zu wenig gesprochen. Und in dieser Richtung eröffnen sich Perspektiven, welche für die Gesamtheit unserer Volkswirtschaft und insbesondere für die Selbsterhaltung unseres Landes aus eigenen Kräften von ungeahnter Bedeutung sind. Insbesondere erscheint der Wasserkraftausbau geeignet, wichtige Probleme für die Ernährung der Bevölkerung aus eigenen Mitteln zu lösen und durch die Zusammenarbeit von Industrie und Landwirtschaft noch viel dringendere Bedürfnisse, als es der Kohlenbedarf ist, zu befriedigen, was im folgenden noch eingehend besprochen werden wird.

XXIV. Die Bedeutung der Wasserkräfte für die Erzeugung von künstlichem Dünger zwecks Hebung der landwirtschaftlichen Produktion.

Unter den Industrien, welche auf Basis von Wasserkraftreichtum eine neue Entwicklung erfahren können, ist die chemische Großindustrie an erster Stelle zu nennen, und zwar kommen für unsere Verhältnisse besondere Zweige dieser Industrie in Frage.

Der Ersatz des Chilesalpeters durch künstlichen Salpeter und die Verbesserung der Produktionsverhältnisse der Landwirtschaft durch eine ausgiebige Düngung des Bodens sind für unsere Volkswirtschaft von allergrößter Bedeutung.

Von der Gesamtfläche Österreichs von 8,390.000 ha sind 2,8 Millionen Hektar Ackerland und Wiesenboden, von welchem rund 2,2 Millionen Hektar in Ertrag stehen und bearbeitet werden.

In der Tabelle 7 sind nun die Verhältnisse Österreichs hinsichtlich des Ertrages an den wichtigsten Bodenprodukten sowohl ihrer absoluten Menge nach als auch im Verhältnis zum Bedarf, welcher in der ersten Kolonne verzeichnet ist, angegeben. In der zweiten Kolonne findet sich die Anbaufläche für das betreffende Bodenprodukt verzeichnet.

In den weiteren Kolonnen finden sich zunächst die Angaben über die gegenwärtige Produktion, deren Gesamtmenge hinsichtlich der einzelnen Bodenprodukte in der Kolonne 3 angegeben ist. Kolonne 4 gibt den Ertrag eines Hektars unter den gegenwärtigen Verhältnissen an, und man ersieht daraus, daß an den wichtigsten Getreidearten, wie Weizen, Roggen, Gerste sowie an Hafer bloß 930 bis 1090 kg pro Hektar im Durchschnitt in Österreich gewonnen werden. Dieses Erträgnis steht hinter den Erträgnisziffern anderer Länder, beispielsweise Deutschlands, wegen des Mangels einer ausgiebigen Düngung, weit zurück; so z. B. beträgt der durchschnittliche Ertrag 1 ha in Deutschland 2000 kg Weizen oder 1600 kg Roggen. 1 ha Kartoffelfeld, das bei uns im Durchschnitt nur 8500 kg trägt, gibt in Deutschland 13.000 kg Kartoffel.

Die in der dritten Kolonne angegebene Produktion deckt bei den meisten Bodenprodukten nur einen Teil des Eigenbedarfes, und es ist in der fünften Kolonne ersichtlich, wie weit die Produktion hinter dem Eigenbedarf zurücksteht: Österreich produziert nur ein Viertel des benötigten

Weizens, weniger als die Hälfte des Bedarfes an Mais u.dgl. m. Daß in dieser Kolonne die Deckung des Bedarfes an Heu und Stroh mit 99% erscheint, hat seinen Grund darin, daß sich bei diesen Produkten der Bedarf nach dem Vorhandenem richten muß, sohin auch hier eine Steigerung der Produktion große Vorteile bieten würde.

Die Schwierigkeiten, welche der Hebung der landwirtschaftlichen Produktion durch allgemeinere Einführung der künstlichen Düngung entgegenstehen, sind dreifacher Art:

Das größte Hindernis bildet der Konservativismus der ländlichen Bevölkerung. Der kleine Landwirt begegnet bekanntlich jeder neuen Anregung mit Mißtrauen, und dieses Mißtrauen wird gerade auf dem Gebiete der künstlichen Düngung besonders dadurch verstärkt, daß die verschiedensten Agenten für die verschiedensten Kunstdüngerarten jeweils das von ihnen vertretene Fabrikat anpreisen und alle Konkurrenzfabrikate als wertlos und schädlich hinstellen. Es ist begreiflich, daß die hierdurch hervorgerufene Verwirrung eine allgemeine Abscheu des kleinen Landwirtes vor der künstlichen Düngung hervorruft, und da er aus eigener Urteilskraft keine Entscheidung treffen kann, bleibt er bei seinem althergebrachten, gewohnten Verfahren. Die große Entwicklung der Bodenkultur als Wissenschaft geht spurlos an ihm vorüber.

Eine weitere Schwierigkeit der allgemeineren Einführung der künstlichen Düngung liegt in der erforderlichen Genauigkeit, mit welcher die Düngung selbst nach bestimmten Rezepten vorgenommen werden muß. Die eine Gruppe von Düngemitteln muß längere Zeit vor der Saat, andere Düngemittel müssen knapp vor dem Säen aufgestreut werden; das Aufstreuen muß in fachmännischer Art erfolgen u. dgl. m. Fehler, die hier gemacht werden, können große Nachteile für die Entwicklung der Ernte, ja sogar vollständige Mißernte zur Folge haben. Ein einziger derartiger Mißerfolg schafft der Verbreitung der Idee der künstlichen Düngung weitaus mehr Nachteile, als viele andere gelungene Versuche ihr nützen können, und es wird aus allen diesen Gründen gewiß noch einer großen Menge aufklärender Arbeit bedürfen, um hier auch nur einigermaßen zum Ziele zu gelangen. Wenn aber diese aufklärende Arbeit in richtiger Weise geleistet wird — und es bestehen bereits bekanntlich entsprechende Organisationen, welche mit Aufopferung und sorgfältig erwogenen Mitteln in aufklärender Richtung tätig sind — ist nicht einzusehen, warum die österreichische Landwirtschaft in dieser Richtung nicht den gleichen Weg gehen sollte, wie die deutsche Landwirtschaft, welche schon heute wesentlich mehr Düngemittel pro Hektar Land verwendet, als in den folgenden Ausführungen als Endziel der Entwicklung der österreichischen Verhältnisse angenommen wird.

Die Aufklärung der landwirtschaftlichen Bevölkerung allein wird aber deshalb nicht genügen, weil auch noch das große Problem der Finanzierung der künstlichen Düngung einer Lösung bedarf. Die Kosten der Bodenbearbeitung werden natürlich durch die künstliche Düngung wesentlich erhöht, und wenn auch durch den erzielten Mehrertrag nicht nur die Mehrkosten der Bodenbearbeitung und der Düngemittel gedeckt, sondern auch noch ein verhältnismäßig guter Gewinn erzielt wird, verfügt doch der Landwirt nicht über die Mittel, um die Mehrkosten der Bodenbearbeitung zu decken. In dieser Richtung ist eine Aufklärung der Kapitalskreise erforderlich, denn es wird in diesen Kreisen die volkswirtschaftliche Bedeutung der künstlichen Düngung noch lange nicht genug gewürdigt.

Die Erfolge, welche durch entsprechende Düngung erzielbar wären, zeigen die Kolonnen 9 bis 12 der Tabelle 7. Bei der Ermittlung der einzelnen Werte ist ein Aufwand von Stickstoff für die Düngung vorausgesetzt, wie er in der Kolonne 6 angegeben ist und hinter den Mengen an künstlichem Dünger, wie sie in anderen Ländern, beispielsweise in Deutschland, verwendet werden, weit zurücksteht: während hier für Getreide ein Aufwand von 10 kg Stickstoff pro Hektar angenommen wurde, wird in anderen Ländern mit hochstehender Bodenkultur 13 bis 15 kg Stickstoff und mehr pro Hektar verwendet. Zur Düngung mit den in Kolonne 6 angegebenen Einheitsmengen werden insgesamt die in

Tabelle 7.

		Bedarf in 10^3 t	Anbaufläche in 10^3 ha	Produktion			Düngerbedarf			Ernteteigerung			Erzielb. Bedarfsdeckung in %
				in 10^3 t	in kg pro ha	in % des Bedarfes	in kg N pro ha	in 10^3 t N	Kosten in 10^3 Goldkr.	in %	in 10^3 t	Mehrerlös in 10^6 Goldkr.	
		1	2	3	4	5	6	7	8	9	10	11	12
1	Weizen ..	800	185	200	1094	25	10	1,9	3,3	25	50	15	32
2	Roggen ..	475	337	345	1070	73	10	3,4	5,3	25	85	23	90
3	Gerste ...	200	127	122	960	62	10	1,2	1,8	25	30	7	76
4	Hafer	302	285	266	930	88	10	2,7	4,3	25	65	13	110
5	Mais	215	60	88	1500	41	10	0,9	1,4	25	22	5	51
6	Kartoffel .	1530	164	1400	8500	91	20	3,2	5,1	50	700	49	137
7	Heu	2360	1000	2340	2340	99	5	5	7,8	20	500	50	120
8	Stroh	2000	—	1980	—	99	—	—	—	20	400	27	120
9	Wein	107	27	94	3100	88	20	0,5	0,8	15	16	4	103
Zusammen ..		—	2185	—	—	—	—	**18,8**	**29,8**	—	—	**193**	—

Kolonne 7 angegebenen Mengen an Stickstoff benötigt. Insgesamt würde also die österreichische Landwirtschaft bei den hier angenommenen Düngungsverhältnissen 18.800 t Stickstoff in Form von Kunstdünger brauchen. Die Kosten einer derartigen Düngung sind in Kolonne 10 für die einzelnen Bodenprodukte angegeben, und zwar beziehen sich die dortigen Angaben nicht nur auf den erforderlichen Stickstoff, etwa in Form von Kalkstickstoff o. dgl., sondern auch auf die entsprechenden Zusätze von Kali und Phosphaten, deren zusätzliche Kosten mit zirka 30% zu den Stickstoffkosten in Rechnung gesetzt sind.

Die durch diese Düngung erzielbare Ernteesteigerung ist in der Kolonne 9 bis 11 verzeichnet. Sie beträgt bei den meisten Bodenprodukten 25%. Die Kartoffelernte kann um 50%, der Ertrag an Heu und Stroh um 20% und der Ertrag an Weizen um 15% gehoben werden, was einem Mehrerlös entspricht, wie er in Kolonne 11 in Millionen Goldkronen angegeben ist. Insgesamt beträgt sohin der Mehrerlös aus der Erntesteigerung durch entsprechende Düngung 193 Millionen Goldkronen. Hierbei sind für die Bodenprodukte die Einheitspreise der Handelsbilanz des Jahres 1923 zugrunde gelegt.

In der letzten Kolonne ist schließlich verzeichnet, welcher Teil des Bedarfes bei der hier angenommenen Düngung aus der eigenen Produktion gedeckt werden kann; es zeigt sich, daß bei einzelnen Bodenprodukten, wie z. B. Roggen, nahezu der ganze Bedarf im Inland zu erzeugen ist. Wenn unter den Angaben dieser Kolonne auch solche erscheinen, welche eine Deckung von mehr als 100% des Eigenbedarfes darstellen, so weist dies auf die Möglichkeit eines Exportes des betreffenden Bodenproduktes hin hauptsächlich aber wird durch die den heutigen Bedarf übersteigende Produktion einzelner Bodenprodukte die Möglichkeit geschaffen sein, die Viehzucht zu heben, was z. B. für Hafer, Heu, Stroh und zum Teil auch für Kartoffel gilt. Auch für manche Industrien wie z. B. die Spiritusindustrie, hat die Steigerung der Bodenproduktion über den Eigenbedarf hinaus eine große Bedeutung.

Insgesamt ergibt sich aus der in Rede stehenden Tabelle, daß mit einem Aufwand von 18.800 t Stickstoff in Form von Kunstdünger der inklusive der sonst noch erforderlichen Kali- und Phosphatbeimengungen 29,8 Millionen Kronen kostet, ein Mehrerlös der Landwirtschaft von 193 Millionen Kronen erzielbar sein wird.

Der auf diese Weise erzielte Mehrerlös aus unserem Boden kommt natürlich der Handelsbilanz zugute.

Im Jahre 1923 hat das Passivum der Handelsbilanz aus den Titeln: Getreide, Mehl, Hülsenfrüchte u. dgl. 244 Millionen Goldkronen betragen. Es kann also dieses Defizit durch die Erzeugung von Kunstdünger aus unseren Wasserkräften und seine entsprechende Verwendung um 193 Millionen verringert, also auf ein Minimum reduziert werden.

XXV. Die „handelspolitische Kennziffer" für den Wert des Wasserkraftausbaues für verschiedene Wirtschaftszweige.

Auf Grund der vorstehenden Untersuchungen kann nunmehr der Wert der Wasserkräfte für die verschiedenen Wirtschaftszweige ziffernmäßig festgestellt werden.

Zu diesem Zwecke ist in Tabelle 8 zunächst unter a, b und c für die drei Wirtschaftszweige „Verkehr", „Elektrizitätswerke" und „bestehende Industrien" angegeben, welche Mengen an Wasserkraftstrom im Sinne der vorstehenden Ausführungen auf diesen Gebieten Verwendung finden können (Kolonne 1), ferner welche Wasserkraftgröße hierzu erforderlich ist (Kolonne 2). Für diese drei Wirtschaftszweige können insgesamt 1630 Millionen kWh jährlich verwendet werden, zu deren Erzeugung Wasserkräfte von 890.000 PS erforderlich sind. Zur Ermittlung der erforderlichen Wasserkräfte wurden Belastungsfaktoren, wie sie sich bei großzügigem Ausbau und gesunder Elektrizitätswirtschaft ergeben, angenommen.

In der dritten Kolonne ist für die Wirtschaftszweige a, b und c angegeben, welcher Betrag in Goldkronen an Kohle erspart werden kann, wenn die vorangeführten

Wasserkraftmengen zur Verfügung stehen. Diese Kohlenersparnis stellt die Verbesserung der Handelsbilanz dar, welche auf dem betreffenden Wirtschaftsgebiete durch den Wasserkraftausbau erzielbar ist. In Summe ergibt sich, daß auf diesen drei Wirtschaftszweigen durch den Ausbau von 890.000 Wasserkraftpferden die Verbesserung der Handelsbilanz durch Kohlenersparnis 84 Millionen Goldkronen beträgt.

Nimmt man die Verbesserung der Handelsbilanz durch den Wasserkraftausbau als Maßstab für seine handelspolitische Bedeutung an, so kann man eine Kennziffer für die verschiedenen Wirtschaftszweige konstruieren, aus welcher die Wichtigkeit des Ausbaues der Wasserkräfte für die betreffenden Wirtschaftszweige ersichtlich ist. Man muß zu diesem Zwecke für jeden Wirtschaftszweig nur feststellen, um welchen Betrag sich die Handelsbilanz verbessert, wenn diesem Wirtschaftszweige eine Einheitsmenge von Wasserkraftenergie zur Verfügung gestellt wird. Als Einheitsmenge können beispielsweise 100.000 Wasserkraftpferde angenommen werden, und es ergibt sich aus dem in der Tabelle 8 in der zweiten und dritten Kolonne angeführten Ziffern, daß durch eine Wasserkraft dieser Einheitsgröße die Handelsbilanz im Wirtschaftszweig „Verkehr" um 15 Millionen, im Wirtschaftszweig „Elektrizitätswerke" um 6 Millionen und in den „bestehenden Industrien" um 10 Millionen Goldkronen verbessert werden kann. Es ist sohin die handelspolitische Kennziffer für den Wert der Wasserkräfte

a) für den „Verkehr" 15
b) „ die „Elektrizitätswerke" 6
c) „ „bestehende Industrien" 10

Es zeigt sich also, daß von den vorangeführten drei Wirtschaftszweigen die Elektrifizierung des Verkehres durch Wasserkraftstrom den größten handelspolitischen Wert aufweist. Dies rührt daher, daß eben im Eisenbahnwesen die Kohlenverwendung zur Krafterzeugung die verhältnismäßig unökonomischeste ist. (Dies ist im Wesen der Dampflokomotive begründet und hat natürlich mit der hohen Stufe, auf welcher die Technik der Wärmewirtschaft im Eisenbahnwesen steht, nichts zu tun.)

Demgegenüber ist bei den „Elektrizitätswerken", wo die Verwendung der Kohle mit wesentlich günstigerem Gesamtwirkungsgrad erfolgt, naturgemäß durch die Umstellung auf Wasserkraftstrom eine wesentlich geringere Ersparnis an Kohle zu erwarten, so daß auch die Kennziffer für den Wert des Wasserkraftausbaues für dieses Gebiet die verhältnismäßig kleinste ist.

Das Wirtschaftsgebiet „bestehende Industrien" liegt hinsichtlich dieser Kennziffer ebenso wie hinsichtlich des Wirkungsgrades der Verwertung der Kohle zwischen den beiden anderen Wirtschaftsgebieten.

Ganz anders liegen die Verhältnisse bei der in der Tabelle 8 unter d angeführten Kunstdüngererzeugung. Da hier mit 85.000 Wasserkraft-PS bei entsprechender Verwendung des Kunstdüngers eine Verbesserung der Handelsbilanz um 193 Millionen Goldkronen durch Verringerung der Getreideeinfuhr bewirkt werden kann, berechnet sich für diesen Wirtschaftszweig die Kennziffer zu 225. Dies zeigt mit der unumstößlichen Deutlichkeit der Ziffern, welche große Bedeutung dem Ausbau der Wasserkräfte im Interesse der landwirtschaftlichen Produktion zufällt.

Die handelspolitische Kennziffer kann aber in ihrer Bedeutung noch viel weiter gefaßt werden. Nachdem der Einfluß irgendwelcher Maßnahmen auf unsere Handelsbilanz gerade unter den gegenwärtigen Verhältnissen für Österreich auch von größter volkswirtschaftlicher Bedeutung ist, und andere volkswirtschaftliche Momente hinter den handelspolitischen Fragen gerade auf dem hier in Rede stehenden Gebiete nebensächlicher Natur sind, kann die vorangeführte handelspolitische Kennziffer gleichzeitig als Maßstab für die volkswirtschaftliche Rentabilität des Wasserkraftausbaues auf den verschiedenen Wirtschaftszweigen angesehen werden.

Nimmt man die Kosten des Wasserkraftausbaues mit 1000 Goldkronen pro Pferdestärke als beiläufige Durchschnittsziffer an, so ergibt sich aus den vorstehenden Be-

Tabelle 8.

Wirtschaftszweig		Strommenge 10⁶ kWh	Entsprechende Wasserkraft 10³ PS	Hiedurch erzielbare Verbesserung der Handelsbilanz 10⁶ Goldkr. insgesamt	pro 100.000 PS **(Handelspolit. Kennziffer** des Wasserkraftausbaues)
		1	2	3	4
a	Verkehr	360	250	36	**15**
b	Elektrizitätswerke ..	500	350	20	**6**
c	Bestehende Industrie	770	290	28	**10**
Summe der kohlensparenden Verwendung		1630	890	84	**10**
d	Kunstdüngererzeugg.	360	85	193	**225**
e	Holzstofferzeugung..	600	100	36	**36**

trachtungen, daß durch eine Investition von 100 Millionen Goldkronen für den Ausbau von 100.000 PS, 15 Millionen an das Ausland für Kohle zu zahlende Goldkronen erspart werden können, wenn diese Wasserkräfte für die Bahnen verwendet werden. Es verbessert sich sohin in diesem Falle unsere Handelsbilanz um 15% des zum Wasserkraftausbau investierten Kapitales und man kann sohin von einer volkswirtschaftlichen Rentabilität des Wasserkraftausbaues für Verkehrszwecke von 15% sprechen. In der gleichen Weise ergibt sich dann die volkswirtschaftliche Rentabilität des Wasserkraftausbaues auf dem Wirtschaftsgebiete der Elektrizitätswerke zu 6%, bei der Gesamtheit der bestehenden Industrie zu 10% und bei der an vierter Stelle angeführten Kunstdüngererzeugung zu 225%, d. h. es kann die Handelsbilanz um mehr als das Doppelte jenes Betrages verbessert werden, den der Ausbau der der Kunstdüngererzeugung nutzbar gemachten Wasserkräfte kostet.

Um einer mißverständlichen Auffassung vorzubeugen, sei hier nur noch bemerkt, daß der im vorstehenden gebrauchte Ausdruck „volkswirtschaftliche Rentabilität" natürlich nichts mit dem Begriffe der Rentabilität im kaufmännischen Sinne gemein hat und sonach auch nicht geschlossen werden kann, daß das Investitionskapital für jene Wasserkräfte, welche einem Zweck mit höherer „volkswirtschaftlicher Rentabilität" dienen, auch unbedingt eine günstigere kaufmännische Rentabilität aufweisen muß. Dies ist schon deshalb unmöglich, weil ja die gesamten Investitionen für Beschaffung der geänderten Betriebsmittel und der Leitungen usw. unberücksichtigt blieben. Die kaufmännische Rentabilität zu untersuchen, wird vielmehr in jedem einzelnen Fall eine gesonderte Aufgabe sein, und es wird oft auch geboten erscheinen, durch künstliche Mittel die kaufmännische Rentabilität der Verwertung von Wasserkraftstrom zu heben, wo volkswirtschaftliche Rücksichten es erheischen. Dies gilt z. B. in erster Linie für die Kunstdüngererzeugung, wo übrigens die Möglichkeit besteht, der Verwendung der Wasserkräfte eine entsprechende kaufmännische Rentabilität zu sichern, denn die Ertragssteigerung, welche die Landwirtschaft durch entsprechende Düngung erzielt (der Mehrerlös aus der Erntesteigerung beträgt mehr als das sechsfache der Kosten der Düngmittel, siehe Tabelle 7), ermöglicht natürlich auch angemessene Kunstdüngerpreise, welche eventuell durch entsprechende wirtschaftspolitische Maßnahmen hoch genug gehalten werden können, um einen kräftigen Anreiz zur Kunstdüngerfabrikation im großen zu bieten, ohne die gute Rentabilität der Düngung selbst für den Landwirt in Frage zu stellen.

Die Kunstdüngerfabrikation ist natürlich nicht der einzige Industriezweig, der im Zusammenhang mit dem Ausbau der Wasserkräfte für die Volkswirtschaft von ungeheurer Bedeutung ist. Auch andere Industriezweige sind unter den neuen Verhältnissen bei Vorhandensein billiger und großer Kraftmengen zu einer besonderen Entwicklung unter großer Beeinflussung unserer Handelsbilanz berufen. So kann z. B. der Holzstoff in viel größerer Menge Exportartikel werden, als bisher.

Die letzte Handelsbilanz berichtet von einem Export von 300.000 Meterzentner Holzstoff im Werte von zirka 4,2 Millionen Goldkronen.

Mit einer Wasserkraft von 100.000 PS können in 8000 Stunden pro Jahr zirka 4,000.000 Meterzentner Holzstoff im Werte von zirka 56 Millionen Goldkronen erzeugt werden.

Nun ist allerdings für die Berechnung der handelspolitischen Kennziffer und der volkswirtschaftlichen Rentabilität bei diesem Industrieartikel noch etwas besonderes zu berücksichtigen.

Bei den bisher behandelten Wirtschafts- und Industriezweigen war die Verbesserung der Handelsbilanz in ihrer Gänze dem Ausbau der entsprechenden Wasserkräfte gutzuschreiben. Irgendwelche Sachwerte des Volksvermögens wurden durch die Verwendung der Wasserkräfte zu diesen Zwecken in nennenswerter Weise nicht in Mitleidenschaft gezogen. Wenn beispielsweise bestehende Industrien statt mit Dampfkraft mit hydroelektrischem Strom betrieben werden, so wird Kohle erspart, ohne daß irgendein anderes Sachgut hierbei beansprucht wird. Wenn Kalkstickstoff erzeugt wird, so wird neben der Wasserkraft und der Luft, welche den Stickstoff dazu liefert, zwar noch Kalk gebraucht, man kann aber mit Rücksicht auf den geringen Wert der fast unerschöpflichen Kalkbestände auch hier nicht davon reden, daß das Volksvermögen hiedurch merklich verringert wird. Anders ist es bei der forcierten Holzstofferzeugung, bei welcher dem Werte des exportierten Holzstoffes außer dem Aufwand für die notwendige Kraft auch noch der Wert des verbrauchten Holzes gegenübersteht. Man muß also hier von dem aus dem Holzstoffexport resultierenden Betrage den Wert des Holzes abziehen, um die handelspolitische Kennziffer oder die volkswirtschaftliche Rentabilität des Wasserkraftausbaues im Hinblick auf die Holzstoffindustrie zu berechnen.

Zur Erzeugung von Holzstoff im Werte von 56 Millionen wird Holz im Werte von zirka 20 Millionen gebraucht. Es steht sohin hier der Investition von 100 Millionen Goldkronen für Ausbau von 100.000 Wasserkräften eine Verbesserung der Handelsbilanz um 56 — 20 = 36 Millionen Goldkronen gegenüber. Die handelspolitische Kennziffer beträgt also hier 36 und die volkswirtschaftliche Rentabilität der Wasserkräfte ergibt sich bei ihrer Verwendung zur Holzstofferzeugung dementsprechend zu 36%. Auch diese Rentabilitätsziffer ist größer als jene, welche für die unter a, b und c in der Tabelle 8 angeführt sind.

Die Kunstdüngererzeugung und die Holzstoffindustrie sind nur Beispiele für Wasserkraftverwendungszwecke, welche weitaus wichtiger und für die Volkswirtschaft viel vorteilhafter sind, als jene, die ausschließlich in der Ersparnis an Kohle ihre Lebensberechtigung suchen.

XXVI. Unveränderte Wichtigkeit sparsamer Kohlenwirtschaft und Notwendigkeit des Ersatzes von Steinkohle durch Braunkohle.

Aus den eingehend geschilderten Beziehungen des Ausbaues der Wasserkräfte zum Kohlenverbrauch in den verschiedenen Wirtschaftszweigen, insbesonders aber zum Kohlenverbrauch der Industrie geht als wichtigste Schlußfolgerung hervor, daß es verfehlt ist zu glauben, die Wichtigkeit der Rationalisierung unserer Kohlenwirtschaft sei durch eine nahe bevorstehende allgemeine Elektrifizierung in den Hintergrund gerückt. Tatsächlich ist die Art und Weise, wie über die großen Wasserkraftprojekte gesprochen und geschrieben wird, geeignet, das Interesse von der rationellen Verwendung der Kohle abzuwenden und den Eindruck zu erwecken, es handle sich nur mehr um eine kurze Spanne Zeit, bis durch weitgehende Verwendung von Wasserkraftstrom der Kohlenverbrauch ohnedies auf ein Minimum beschränkt wird. Es wäre, wie auf Grund statistischen Materiales wohl zur Genüge ziffernmäßig nachgewiesen wurde, ein schwerer Fehler derartige Meinungen aufkommen zu lassen und alle auf dem Gebiete der Wärmewirtschaft tätigen Kreise müssen es als ihre Pflicht betrachten, überall dort, wo ein derartiger Irrtum statt Wahrheit verbreitet wird, aufklärend zu wirken und mit allen Mitteln nachzuweisen, daß es für Österreich nach wie vor von größter Bedeutung bleibt, der Sparsamkeit in der Kohlenwirtschaft ein besonderes Augenmerk zuzuwenden.

Der bevorstehende Ausbau der Wasserkräfte darf das Interesse von der Kohlenwirtschaft um so weniger abwenden, als gerade durch die Wasserkräfte die kohlenwirtschaftlichen Probleme zum Teil schwieriger und zum Teil umfangreicher gestaltet werden. Denn es werden, wie schon erwähnt wurde, die durch Wasserkraft ersetzbaren Kohlen zum großen Teil Braunkohlen sein, welche im Inland gewonnen werden; so z. B. verwenden viele Elektrizitätswerke, deren Kohlenverbrauch in erster Linie und leicht durch die Wasserkräfte ersetzt werden kann, inländische Braunkohle. Da aber nun das Bestreben dahin gehen muß, durch Verwendung der Wasserkraft in erster Linie die Menge der aus dem Ausland bezogenen Kohlen zu verringern, wird getrachtet werden müssen, durch die auf diesem Gebiete frei werdenden inländischen Kohlen, die aus dem Auslande bezogene Steinkohle zu ersetzen, ein Problem, welches bekanntlich seit Kriegsende alle Kreise der mitteleuropäischen Kohlenwirtschaft beschäftigt.

Nun ist für viele Verwendungszwecke, wie z. B. für die Verfeuerung unter Dampfkesseln und in den verschiedenen industriellen Feuerungen, dieses Problem als technisch gelöst zu bezeichnen. Man darf zwar den hier vielfach über das Ziel hinausschießenden Anpreisungen einzelner Feuerungsarten, welche für sich den Vozug in Anspruch nehmen für alle Brennmaterialien in gleich guter Weise geeignet zu sein, natürlich nicht Glauben schenken; die Eigenheiten jeder einzelnen Kohle erheischen vielmehr ganz bestimmte Verfeuerungseinrichtungen und es gehört eine besondere Erfahrung dazu, einerseits die Bedingungen zu erkennen, denen die Feuerung für eine bestimmte Kohlensorte genügen muß und andrerseits aus der großen Zahl von Feuerungssystemen jenes System ausfindig zu machen, welches eben diesen Bedingungen in ausreichendem Maße entspricht. Es kann aber wohl auf Grund des Standes der modernen Feuerungstechnik behauptet und nachgewiesen werden, daß sich für jede

Kohlenart, wie immer sie auch sei, eine wirtschaftliche Verfeuerungsmöglichkeit finden läßt.

Nichtsdestoweniger begegnet die Umstellung von ausländischer Steinkohle auf inländische Braunkohle vielfachem Widerstand; ja es zeigt sich sogar auf Grund der österreichischen Kohlenstatistik eine Zunahme des Steinkohlenverbrauches bei gleichzeitiger Verringerung der Verwendung inländischer Braunkohle; es tritt also tatsächlich der entgegengesetzte Prozeß ein und man kann fast sagen, daß die inländische Braunkohle durch die ausländische Steinkohle verdrängt wird, ein Zustand, der natürlich für die österreichische Volkswirtschaft einen schweren Nachteil bedeutet.

Die Ursache dieser Erscheinung liegt hauptsächlich an dem größten Schädling der volkswirtschaftlichen Entwicklung: in der menschlichen Bequemlichkeit. Es ist selbstverständlich bequemer mit hochwertiger Kohle zu heizen; die Materialbewegungen sind geringer, die Frage der Aschen- und Schlackenbeseitigung ist bei guter Steinkohle auf ein Minimum reduziert, die Feuerungseinrichtungen sind verhältnismäßig einfach, komplizierte Rostanlagen mit künstlicher Luftzuführung u. dgl. sind entbehrlich; kurz die Verfeuerung der Steinkohle macht die geringste Mühe und die dazugehörigen Einrichtungen erheischen auch in der Regel die geringsten Investititionskosten. Dann ist auch der Bezug von Steinkohle insofern bequemer, als es nicht notwendig ist, hinsichtlich der Bezugsquellen so genau zu differenzieren, wie es bei Braunkohle der Fall ist. So kann man beispielsweise Steinkohle aus den verschiedenen oberschlesischen Revieren ebenso gut und auf der gleichen Feuerungsanlage verwenden, wie Ruhrkohle und sehr viele andere ausländische, gleichwertige Marken. Bei der Braunkohle muß eine viel feinere Unterscheidung Platz greifen, wenn man die verschiedenen Braunkohlensorten wirtschaftlich gleich gut verfeuern will.

Die Kraft dieses wichtigsten Momentes der menschlichen Bequemlichkeit ist so groß, daß die volkswirtschaftlichen Gründe, welche für möglichst weitgehende Verwendung österreichischer Braunkohle in der österreichischen Industrie sprechen, vernachlässigt und die bitteren Erfahrungen der Kriegszeit vergessen werden. Um so wärmer ist es zu begrüßen, daß sich in der letzten Zeit die Kohlen produzierenden Kreise zusammengetan haben, um die Verwendung österreichischer Braunkohle auf allen Gebieten zu fördern, und es ist ganz gewiß auch Sache der auf dem Gebiete der Wärmetechnik tätigen Fachleute, die österreichische Braunkohlenindustrie mit allen Mitteln bei dieser Arbeit zu unterstützen.

Die wichtigste Voraussetzung für einen Erfolg dieser Bestrebungen ist aber eine richtige und zweckentsprechende Preispolitik der Braunkohlengruben. Es genügt nämlich nicht, wenn der Braunkohlenpreis zum Steinkohlenpreis im Verhältnis der Heizwerte der beiden Kohlensorten steht. Wenn z. B. Braunkohle mit einem Heizwert von 3500 WE loko Fabrik nur halb so viel kostet, als eine Steinkohle von 7000 WE, wird der Industrielle mit Recht der Steinkohle den Vorzug geben müssen; denn bei der Preisfestsetzung für Braunkohlen müssen auch die weiteren Mehrkosten, welche durch die Verwendung dieser Kohle erwachsen, berücksichtigt sein. Diese Mehrkosten liegen zunächst in den höheren Investitionen, welche die Feuerungsanlagen für Braunkohle gegenüber jener für Steinkohle erheischen, und in den höheren Betriebskosten, welche einerseits durch die besonderen Einrichtungen der Braunkohlenfeuerung (Unterwindgebläse u. dgl.) und andrerseits durch die Manipulation mit den größeren Massen an Kohlen und insbesondere an Schlacke und Asche erwachsen. Über die Berücksichtigung aller dieser Momente hinaus muß aber dem Industriellen noch ein finanzieller Vorteil geboten werden, indem die Braunkohlenpreise noch etwas tiefer angesetzt werden als es der auf Grund der vorstehenden Erwägungen berechneten Relation entspräche. Besonders billig muß aber die Braunkohle für jenen Industriellen angesetzt sein, der etwa, um auf diese Kohlenart überzugehen, besondere Abänderungen in seinen Feuerungsanlagen durchführen müßte. Denn unter den gegenwärtigen Verhältnissen, wo jede Investitionslust fehlt, müssen schon sehr große finanzielle Vorteile nachgewiesen werden, um dem Industriellen die aufzuwendenden Kosten rentabel erscheinen zu lassen.

Alle diese zum Teil in den menschlichen Eigenschaften zum großen Teil aber in den Absonderlichkeiten der gegenwärtigen Zeit gelegenen Verhältnisse machen die Schwierigkeiten erklärlich, welche der Zunahme der Braunkohlenverwendung in der österreichischen Industrie entgegenstehen.

XXVII. Zweckentsprechende Vereinigung der Krafterzeugung mit der Wärmeverwendung.

Ein zweites Problem, welches für die Wärmewirtschaft von größter Wichtigkeit ist und Aussichten von ungeahnter Größe eröffnet, bezieht sich auf die zweckentsprechende Vereinigung der Krafterzeugung mit der Wärmeverwendung in der Industrie.

Es ist bereits von den vielen Industriezweigen gesprochen worden (siehe VIII, 3, γ), welche Dampf niederer Spannung für Fabrikationszwecke benötigen, und es ist bereits dort erwähnt worden, daß in diesen Industriezweigen die Ausnutzung des Dampfes eine zweifache ist, indem er zunächst in Dampfmaschinen oder Dampfturbinen zur Krafterzeugung und, wenn er dann diese Maschinen mit niederer Spannung verläßt, zu Koch-, Heiz-, Trocken- und anderen Fabrikationszwecken Verwendung finden kann. Es ist dort auch als Beispiel angeführt worden, daß 10 kg Dampf auf diese Weise zunächst 1 kWh zu erzeugen gestatten, und der Abdampf, welcher die Maschine verläßt, noch etwa 90% des Wärmeinhaltes des zugeführten Dampfes für Fabrikationszwecke verfügbar enthält. Hierbei sind Frischdampfspannungen von 10 bis 15 Atm. angenommen. Setzt man aber höhere Dampfspannungen voraus (bekanntlich sind jetzt schon Spannungen von 30 Atm. bei neuen Anlagen keine Seltenheit mehr und man kann schon erfolgreiche Bestrebungen zu namhaften weiteren Erhöhungen der Dampfspannungen wahrnehmen), so ist jene Kraftmenge, welche man aus dem Dampf gewinnen kann, bevor man ihn zu Fabrikationszwecken mit niederer Spannung verwendet, noch größer; so kann beispielsweise bei Drücken von 25 bis 30 Atm. bereits aus 6 bis 7 kg Dampf 1 kWh gewonnen werden, wobei dann ebenfalls 90% der ursprünglichen Dampfwärme im Abdampf enthalten und für Fabrikationszwecke verwendbar sind.

Wenn nun in den betreffenden Fabriksbetrieben selbst für die erzeugte Kraft keine Verwendung vorhanden ist, so kann natürlich diese Kraftmenge außerhalb des betreffenden Betriebes Verwertung finden, und es strebt die moderne Wärmetechnik bereits allenthalben als ideales Endziel ihre Entwicklung an, daß überall, wo Dampf niederer Spannung gebraucht wird, Dampf hoher Spannung erzeugt und in geeigneten Maschinen (Gegendruckdampfmaschinen, Gegendruckdampfturbinen u. dgl.) unter Krafterzeugung auf den benötigten niederen Druck entspannt wird, wodurch große Kraftmengen mit ausnehmend niederen Gestehungskosten erzeugt werden können. Es werden sohin den Wärmeverbrauchsstellen Kraftmaschinen vorgeschaltet, und man nennt die auf diese Weise erzeugte Abfallkraft daher auch Vorschaltkraft. Eingehende Berechnungen zeigen, daß diese Kraftmengen in der Regel wesentlich billiger sind als jedweder Wasserkraftstrom, denn die für die Krafterzeugung in Rechnung zu setzende Wärmemenge ist in diesem Falle nur wenig größer als das Wärmeäquivalent der erzeugten Kraft und beträgt sohin nur 10 bis 15% der Kohlenmenge, welche bei Krafterzeugung in den besten Dampfanlagen aufgewendet werden müßte. In der Verwertung dieser Abfallkraft hat unsere Kohlenwirtschaft eine Entwicklungsmöglichkeit, welche eine reiche Ausbeute verspricht*).

---

*) Gerbel, „Kraft- und Wärmewirtschaft in der Industrie", 2. Auflage. 1920. Jul. Springer, Berlin (vergriffen). 3. Auflage in Ausarbeitung.

XXVIII. Abfallkraft kohlenverbrauchender Industrien und die Ursache ihrer geringen Verwertung.

Um über die Energiemengen, welche auf diese Weise gewonnen werden können, ein Bild zu erhalten, sind in der Tabelle 9 für einige Industriezweige die Energiemengen berechnet und angegeben, welche hier aus

Tabelle 9.

	Industriezweig	Bezugseinheit	Fabrikations-Dampfbedarf kg	Entsprechende Kraftmenge PSh	Eigenbedarf an Kraft PSh	Verfügliche Abfallkraft PSh	Jahresproduktion in Österreich	Verfügliche Abfallkraft des Industriezweiges PSh
	1	2	3	4	5	6	7	8
1	Leim	kg	30	5	0,8	4,2	2,000.000	8,4
2	Alkohol . . .	l	8	1,3	0,2	1,1	15,000.000	16,5
3	Zucker	kg	5,5	0,9	0,2	0,7	48,000.000	23,6
4	Preßhefe . . .	,,	18	3,0	0,8	2,2	2,500.000	5,5
5	Wäschereien .	,,	10	1,7	0,3	1,4	10,000.000	14,0
6	Badeanstalten .	Bes.	50	8,2	0,5	7,7	10,000.000	77,0
							Zusammen	145

den einzelnen Betrieben als abfallende Vorschaltkraft gewonnen werden können. Es zeigt sich dort, daß beispielsweise in der an zweiter Stelle angeführten Alkoholindustrie, welche pro Liter Alkohol zirka 8 kg Fabrikationsdampf niederer Spannung benötigt, ungefähr 1,3 PSh pro Liter Alkohol als billige Vorschaltkraft gewonnen werden können. Da aber in der Spiritusfabrikation pro Liter Alkohol nur 0,2 PSh an Kraft benötigt werden, bleiben als Abfallkraft 1,1 PSh pro Liter Alkohol verfüglich. Dies ergibt bei der österreichischen Jahresproduktion von 15 Millionen Liter eine Gesamtmenge von 16,5 Millionen PSh pro Jahr, welche zu äußerst billigen Preisen abgegeben werden könnten. In der gleichen Weise wären in der Zuckerindustrie mehr als 23 Millionen PSh im Jahr verfüglich und die an sechster Stelle angegebenen Badeanstalten, welche einen überaus großen Bedarf an Warmwasser haben und verhältnismäßig große Mengen an Vorschaltkraft nahezu kostenlos erzeugen können (zirka 8 PSh pro Besucher), könnten unter der Annahme von nur 10 Millionen Badebesuchern pro Jahr an verfüglicher Abfallkraft 77 Millionen PSh abgeben.

Insgesamt würden diese 6 Industriezweige 145 Millionen PSh, d. i. mehr als 100 Millionen kWh abzugeben in der Lage sein. Vergleicht man hiermit beispielsweise die Gesamtproduktion des Wiener städtischen Elektrizitätswerkes von zirka 350 Millionen kWh pro Jahr, so erkennt man daraus die große Bedeutung dieser Art der Abfallenergie. Wenn diese Menge in normaler Weise aus Kohle erzeugt werden sollte, würde dies einem jährlichen Kohlenbedarf von 145.000 t, also etwa einem Fünftel des gesamten Kohlenverbrauches der österreichischen Elektrizitätswerke entsprechen. Hierbei ist zu beachten, daß in der Tabelle nur 6 Industriezweige beispielsweise angeführt sind und die vielen anderen großen und für diese Frage wichtigen Betriebe verschiedener anderer Industrien, insbesondere der chemischen Industrie, in der Tabelle nicht berücksichtigt wurden, weil sie in ähnlicher Form rechnerisch schwer zu fassen sind. Die aus diesen anderen Industriezweigen zu gewinnenden Energiemengen sind aber ihrer Menge nach von mindestens ebensolcher Größenordnung.

Vorschaltkräfte können, insofern sie in den einzelnen Betrieben verfüglich sind, am zweckmäßigsten in Form elektrischer Energie in das Stromversorgungsnetz von Überlandwerken gespeist werden. Es würde dann dieses Netz nicht wie bisher nur von einer oder von wenigen großen Zentralstellen aus, sondern auch noch von vielen anderen kleineren Rücklieferern mit Strom versorgt werden und die Elektrizitätswerke selbst würden dann nicht nur Erzeuger und Verkäufer von Elektrizität, sondern auch Stromabnehmer sein, ein Verhältnis, welches die volkswirtschaftlich günstigste Energiewirtschaft ermöglichen würde. Tatsächlich gibt es auch derartige Rücklieferungsverhältnisse zwischen einzelnen Betrieben und größeren Elektrizitätswerken, welche Abfallenergie in ihr Netz aufnehmen. Es handelt sich in den bisherigen Fällen zwar meist um Abfallenergie aus Wasserkraftanlagen von größeren und kleineren einzelnen Fabriken, die Praxis zeigt aber, daß sich derartige Verhältnisse in der Regel gut bewähren. Das Wiener städtische Elektrizitätswerk z. B. bezieht hydroelektrische Abfallkraft von einzelnen Betrieben im Gebiete seines Stromversorgungsnetzes (s. vorn; Kap. XVII). Die diesbezüglichen Abkommen rühren zum großen Teil aus der Zeit der durch die Kriegsverhältnisse hervorgerufenen ärgsten Kohlennot her. In letzter Zeit steht aber die Direktion des E. W. Wien auf einem mehr ablehnenden Standpunkt den Abfallenergielieferern gegenüber, und es finden auch sonst in Elektrizitätswerkkreisen die Bestrebungen zur großzügigen Durchführung derartiger Ideen wenig Sympathie.

Die Ursache hierfür liegt auch hier zum großen Teil in der bereits erwähnten menschlichen Bequemlichkeit, welche eine zentralisierte Elektrizitätserzeugung der mühevollen Obsorge für einzelne kleinere Elektrizitätslieferanten mit allen dazugehörigen Kontrollen und Verrechnungen vorzieht. Während nun diese Motive nach außenhin verborgen bleiben, werden Gründe für die Schwierigkeit der Durchführung angegeben, welche weit mehr Irrtum als Wahrheit enthalten. Insbesondere ist all das, was als technische Schwierigkeit der Lösung dieses Problems hingestellt wird, durchwegs unrichtig. Die technische Lösung des Einleitens verschiedener kleinerer Strommengen in ein großes Netz ohne Gefährdung der an das Netz angeschlossenen Einrichtungen ist nicht nur technisch durchführbar, es hat sich in vielen Fällen sogar gezeigt, daß hierdurch Vorteile für die Gesamtheit der Elektrizitätsversorgung erzielt werden*). (Vergleichmäßigung der Spannung durch Synchronmotoren.)

*) Näheres hierüber siehe im Bericht über die Tagung der Hauptstelle für Wärmewirtschaft, veröffentlicht im Archiv für „Wärmewirtschaft“, Heft 12, Jahrg. 1924, S. 228 u. ff.

Es würde zu weit führen, alle Einwände, welche hier, um das Moment der Bequemlichkeit zu ummänteln, ins Feld geführt werden, einzeln anzugeben und zu widerlegen. Es steht aber außer Zweifel, daß ein wichtiges Moment bei der Behandlung aller dieser Fragen und ein wichtiger Grund für die ablehnende Haltung gegenüber der Aufnahme von aus Dampfbetrieben herrührender Vorschaltkraft in öffentliche Netze zum großen Teil in den Erwartungen, welche an den Ausbau der Wasserkräfte gestellt werden, gelegen ist. Auch diese Beziehungen des Wasserkraftausbaues zur Kohlenwirtschaft bedürfen eingehender Aufklärung.

XXIX. Die Schwäche der Wärmetechnik im Kampf um ihre Daseinsberechtigung.

Die Tätigkeit der Aufklärung auf dem Gebiete der Beziehungen des Wasserkraftausbaues zum Kohlenverbrauch ist äußerst schwierig, wenn ihr Nutzen für unsere Volkswirtschaft voll und ganz zur Auswirkung kommen soll, denn es handelt sich einerseits darum, gegen einzelne Meinungen Stellung zu nehmen, welche schon ziemlich festen Fuß gefaßt haben, andrerseits darf aber diese Stellungnahme nicht in einer solchen Weise erfolgen, daß dadurch die Bedeutung des Ausbaues der Wasserkräfte geschmälert wird.

Seit vielen Jahren wird allenthalben von der Notwendigkeit des Wasserkraftausbaues gesprochen und es wurden die weitesten Kreise zur Verfechtung dieses Gedankens herangezogen, indem die großen Vorteile, welche jeder einzelne Wirtschaftszweig, dann aber auch die Gesamtheit der Volkswirtschaft, die Handelsbilanz und die Zahlungsbilanz daraus ziehen werden, in Wort und Schrift behandelt und auch ziffernmäßig errechnet wurden. So entwickelte sich der „Sieg der weißen Kohle über die schwarze Kohle" zu einem Schlagwort, welches in allen Kreisen, also auch in jenen Kreisen, welche es zu überprüfen nicht in der Lage waren, immer festeren Fuß faßte, und so ist heute allgemein der Gedanke verbreitet, daß unser ganzes Wirtschaftsleben eine durchgreifende Veränderung dadurch erfahren wird, daß die Benutzung der Wasserkräfte die Verwendung von Kohle auf allen Gebieten verdrängen wird.

Die Verbreitung derartiger Irrtümer wird — natürlich ohne Absicht der aufgeklärten und interessierten Kreise — unwillkürlich noch dadurch gesteigert, daß die Fertigstellung einer jeden großen Wasserkraftanlage ein Ereignis ist, welches auch äußerlich einen Sprung nach vorwärts anzeigt und eine auch durch Feierlichkeiten leicht zu kennzeichnende neue Stufe in der Entwicklung darstellt. Die Wärmetechnik und die Gesamtheit der Bestrebungen nach Kohlenersparnis kennt derartige, die Entwicklung gleichsam sprungweise hebende Ereignisse nicht, zumindest nicht solche Ereignisse, von denen ein einzelnes auch äußerlich etwa die Bedeutung der Inbetriebsetzung eines größeren Wasserkraftwerkes hätte. Die Wärmetechnik muß sich vielmehr entweder in viele gesondert zu behandelnde Einzelfälle zersplittern und ihre Erfolge in der Verbesserung der Einzelanlagen suchen, oder aber dort, wo es sich um die Umsetzung einer großzügigen neuen Idee in die Praxis handelt, schrittweise vorgehen, um allmählich das gewünschte Endziel zu erreichen.

So kündeten vor kurzem die Zeitungen die Fertigstellung des Partenstein-Kraftwerkes an. Seine Eröffnung wurde zu einem Ereignis, welches durch Teilnahme der Regierungsbehörden und weiter interessierter Kreise einen festlichen Akt darstellte. An dem gleichen Tage, an welchem in dieser Weise der große Schritt gefeiert wurde, den die österreichische Volkswirtschaft auf dem Wege zum Ausbau der Wasserkräfte machte, wurde in einer Fabrik in der Nähe Wiens ein kleines Dampfaggregat in Betrieb gesetzt, welches, nach Patenten eines österreichischen Ingenieurs hergestellt, berufen ist, in allen jenen Dampfbetrieben, wo Auspuffdampf in schwankenden Mengen anfällt, wie beispielsweise in Hammerwerken, Preßwerken, Förderanlagen u. dgl., wesentliche Ersparnisse dadurch hervorzurufen, daß ein Teil dieses Auspuffdampfes kostenlos durch ein Dampfmaschinen-Kompressoraggregat auf

Frischdampfspannung komprimiert und neuerlich der Verwendung zugeführt wird. Durch die Inbetriebsetzung dieser Maschine ist in der Entwicklung der Wärmetechnik ebenfalls ein Schritt nach vorwärts getan; er hat vielleicht für die Gesamtheit der Volkswirtschaft nicht jene Bedeutung, welche die Eröffnung eines großen Kraftwerkes besitzt; es setzt sich aber eben der ganze Aufstieg der Wärmewirtschaft in der Regel nur aus derartigen kleinen Schritten und niederen Stufen zusammen. Aber auch die große Neuerung, welche auf dem Gebiete des Dampfturbinenbaues in der allerletzten Zeit auftauchte und durch welche der Dampfverbrauch der Gegendruckturbine wesentlich heruntergesetzt wurde, wodurch sich Ausblicke von großer Bedeutung für die ganze Wärmewirtschaft eröffnen, ist eigentlich an der Allgemeinheit ziemlich spurlos vorbeigegangen. Derartige Errungenschaften tragen, wenn sie auch in Kreisen der Wärmetechniker gebührend gewertet werden, doch viel weniger den Stempel eines volkswirtschaftlichen Ereignisses, weil sie nicht leicht in ihrer Bedeutung der Allgemeinheit gegenüber so zu kennzeichnen sind, wie die Inbetriebsetzung eines großen Wasserwerkes. Es fehlt bei allem, was der Wärmetechniker in angestrengter Arbeit zur Entwicklung der Wärmetechnik beiträgt, das Merkmal des Monumentalen. Er ist daher auch gewohnt, den Hauptlohn seiner Tätigkeit in der inneren Befriedigung über das vollbrachte Werk zu finden und hat seine ganze Denkungsweise dementsprechend eingestellt.

Hierauf ist es zurückzuführen, daß die Darlegung der Vorteile des Ausbaues der Wasserkräfte eine schwere Bresche in das Tätigkeitsgebiet der Wärmetechniker schlagen konnte, indem an vielen Stellen und insbesondere in vielen industriellen Kreisen die Erzeugung von Wärme aus Kohle als ein nach Ausbau der Wasserkräfte der Vergangenheit angehöriges Beginnen hingestellt wird. Viele meinen, daß man in wenigen Jahren einen Betrieb, in welchem zum Zwecke der Wärmeerzeugung Kohle verbrannt wird, ebenso veraltet hinstellen wird, wie etwa heute einen Betrieb, in welchem statt elektrischem Licht Petroleumlampen verwendet werden. In dem ganzen großen Komplex der Fragen, welche der Wasserkraftausbau aufgerollt hat, betrifft dieser verbreitete Irrtum jenes wichtige Gebiet, auf welchem sich die Wärmetechnik und die Wasserkraftwirtschaft begegnen, und es würde jeder Wärmetechniker den Zweck seiner Arbeit verleugnen und einen schweren Fehler begehen, wenn er gegen diesen Irrtum nicht ankämpfen und immer wieder darauf hinweisen wollte, daß trotz des Ausbaues der Wasserkräfte die Wärmetechnik ihre Lebensberechtigung nicht verloren hat und auch die Allgemeinheit das Interesse für die Sparsamkeit der Kohlenverwendung nicht verlieren darf.

Wenn nun aber auf den wichtigsten Gebieten, wo sich Wasserkraftausbau und Wärmewirtschaft berühren, von einem Sieg der weißen Kohle über die schwarze Kohle nicht gesprochen werden kann, so verliert nicht nur dieses Schlagwort, sondern auch die Bezeichnung „weiße Kohle" für Wasserkraft überhaupt die Bedeutung einer allgemeinen Rivalität zwischen den Wasserkräften und der Kohlenverwendung. Von einer solchen kann nur auf vereinzelten Wirtschaftsgebieten gesprochen werden. Dahingegen liegt das Schwergewicht der Verwertung der ausgebauten Wasserkräfte einerseits in der Hebung der landwirtschaftlichen Produktion durch Erzeugung von künstlichen Düngemitteln, andrerseits in der Schaffung neuer wichtiger Industrien, welche große Mengen mechanischer Kraft oder große Strommengen als hauptsächlichstes Betriebsmittel benötigen, also auf jenen Gebieten, für welche die Kohle überhaupt nicht in Betracht kommt; das Schwergewicht der Kohlenverwendung aber wird nach wie vor in der Erzeugung von Wärme für Heiz-, Koch-, Trocken- und alle sonstigen Fabrikationszwecke und insbesondere auch in der Erzeugung von Dampf für den Fabriksbetrieb liegen, wobei die durch die Wasserkräfte gewonnene Elektrizität nicht oder nur im geringen Maße als Konkurrent in Frage kommen kann. Auch die Dampfmaschine wird hier fortbestehen und in ihrer dem neuzeitlichen Stande der Dampftechnik entsprechenden günstigsten Verwendungsart im Gegendruckbetrieb die Möglichkeit bieten, auch mechanische

Leistung und elektrische Energie als Vorschalt- oder Abfallkraft viel billiger als durch Wasserkräfte zu erzeugen.

Und eben deshalb, weil Wasserkraft- und Kohlenwirtschaft sich nicht so eng berühren, wie allgemein angenommen wird, kann von einer ablehnenden Stellungnahme der Wärmetechnik gegen den Ausbau der Wasserkräfte keine Rede sein. Es wäre verfehlt, in der aufklärenden Tätigkeit im Sinne der Ausführungen dieser Abhandlung eine feindliche Haltung gegen den Ausbau der Wasserkräfte erkennen zu wollen, im Gegenteil, es muß, wenn dies nicht ohnehin schon aus dem Tenor der ganzen Ausführungen zur Genüge hervorging, zum Schluß noch besonders betont werden, daß eine derartige Stellungnahme niemals bezweckt sein kann, daß es vielmehr nach wie vor Aufgabe eines jeden ernsten und mit der Volkswirtschaft gut meinenden Mannes sein muß, den Ausbau der Wasserkräfte mit allen Mitteln zu fördern. Nur in der Frage, welche Richtung die Verwertung der Wasserkräfte einzuschlagen hat, liegen verschiedene Meinungen vor, von denen die einen sich als Irrtum, die anderen als Wahrheit erweisen, und es kann jede Tätigkeit, welche darauf angelegt ist, zwischen Irrtum und Wahrheit eine Scheidewand zu errichten, für die Lösung wirtschaftlicher Probleme nur förderlich sein.

Die Entwicklung der Wirtschaft ist durch die Ereignisse des letzten Jahrzehntes aus ihrer Stetigkeit gerissen und das Bestreben, sie wieder in neue und geregelte Bahnen zu führen, muß mit einer reinlichen Scheidung der Spreu vom Weizen einsetzen; eine gesunde Wirtschaft muß auf gesunden Fundamenten stehen.

XXX. Zusammenfassung.

Als Resultat der hier angestellten Studien und Untersuchungen ergibt sich folgende Zusammenfassung:

1. Der Ausbau der Wasserkräfte ist und bleibt eine der wichtigsten volkswirtschaftlichen Notwendigkeiten.

2. Die volkswirtschaftlich beste Verwendung werden die Wasserkräfte finden:

a) In der Hebung der industriellen Produktion durch Schaffung neuer kraftverbrauchender Großindustrien (Aluminium, Kalziumkarbid, Elektrolyse, Ferrosilicium, Holzstoff u. dgl.).

b) In der Hebung der landwirtschaftlichen Produktion durch großzügige Erzeugung von künstlichem Dünger zwecks Verringerung der notwendigen Einfuhr von Getreide.

Ein intensives Zusammenarbeiten der Industrie mit der Landwirtschaft in diesem Sinne ist ein dringendes Bedürfnis.

3. Die Kohlenersparnisse durch Verwendung von Wasserkraftenergie bei den vorhandenen Industrien sind weder groß, noch handgreiflich nahe, so daß ihre Bedeutung für die Handelsbilanz erst in zweiter Linie steht. (So z. B. vermögen 100.000 PS Wasserkraft, für Kunstdüngererzeugung verwendet und der Landwirtschaft zugeführt, die Getreideeinfuhr um zirka 225 Millionen Goldkronen zu verringern, während die durch die gleiche Energiemenge ersetzbare Kohle nur einem Wert von zirka 10 Millionen Goldkronen entspricht.)

Hierbei können die in Frage kommenden Kohlenersparnisse auch nur sukzessive erzielt werden; sie kommen überdies für viele Industriezweige erst bei unwahrscheinlich niederen Strompreisen in Betracht.

4. Die Kohle wird die große Bedeutung, welche sie als Betriebsmittel und Verbrauchsmaterial in der Industrie besitzt, bei allen Industriezweigen, welche auf Grund jahrhundertelanger Entwicklung bodenständig sind, unverändert beibehalten. Infolgedessen darf das Interesse für die Verbesserung der Kohlenwirtschaft nicht erlahmen; es ist nach wie vor ein dringendes Gebot in allen Wirtschaftszweigen, mit Kohle zu sparen. Hierbei ist

a) bei allen jenen Verwendungsstellen, wo bisher ausländische Kohle in Frage kam, die Verwendung inländischer Braunkohle anzustreben und

b) die Abwärmeverwertung in der Industrie nach den modernsten Grundsätzen der Wärmetechnik so allgemein einzuführen, daß möglichst jeder Wärmeverbrauchsstelle, wo Dampf zu Fabrikationszwecken benötigt wird, eine Kraftanlage zwecks Erzeugung billiger Energie vorgeschaltet wird.

Diese Richtlinien bilden die Grundlage für die günstige Lösung der Einzelprobleme der Energiewirtschaft und sollen auch für die Behörden im Interesse der Allgemeinheit maßgebend sein. Dann wird die Kraft- und Wärmetechnik die höchste Stufe der Entwicklung erreichen und einen namhaften Beitrag liefern zur Gesundung unserer kranken Wirtschaft.

Druck R. Spies & Co. Wien

Die Wasserkräfte, ihr Ausbau und ihre wirtschaftliche Ausnutzung. Ein technisch-wirtschaftliches Lehr- und Handbuch. Von Bauinspektor Dr.-Ing. **Adolf Ludin.** Zwei Bände. Mit 1087 Abbildungen im Text und auf 11 Tafeln. Preisgekrönt von der Akademie des Bauwesens in Berlin. (1424 S.) 1913. Unveränderter Neudruck. 1923. Gebunden 66 Goldmark.

Über Wertberechnung von Wasserkräften. Von Dr.-Ing. **Adolf Ludin** und Dr.-Ing. Dr. rer. pol. **W. G. Waffenschmidt,** Karlsruhe i. B. (Sonderdruck aus „Der Bauingenieur", Zeitschrift für das gesamte Bauwesen, 2. Jahrgang, 1921, H. 4.) (20 S.) 1921. (Auch als „Mitteilungen des Deutschen Wasserwirtschafts- und Wasserkraft-Verbandes E. V." Nr. 3 erschienen.) 0·45 Goldmark.

Das Energiewirtschaftsproblem in Bayern. Eine technisch-wirtschaftlich-statistische Studie. Von Dr.-Ing. **Otto Streck,** Dipl.-Ingenieur. Mit 23 Textabbildungen. (116 S.) 1923. 3·60 Goldmark, gebunden 4·40 Goldmark.

Zeichnerische Bestimmung der Spiegelbewegungen in Wasserschlössern von Wasserkraftanlagen mit unter Druck durchflossenem Zulaufgerinne. Von Ingenieur Dr. techn. **Ludwig Mühlhofer,** Innsbruck-Wien. Mit 11 Textabbildungen. (80 S.) 1924. 3·90 Goldmark.

Der Aufbau der Eisen- und eisenverarbeitenden Industrie-Konzerne Deutschlands. Ursachen, Formen und Wirkungen des Zusammenschlusses unter besonderer Berücksichtigung der Maschinen-Industrie. Von Dr.-Ing. **Arnold Troß.** (229 S.) 1923. 8 Goldmark.

Zur Reform der Industriekartelle. Kritische Studien. Von Dr. **S. Tschierschky,** Berlin. (102 S.) 1921. 2·50 Goldmark.

Erträgnisse deutscher Aktiengesellschaften vor und nach dem Kriege. Mit Überblick über die neueste Entwicklung. Von Privatdozent Dr. jur. et phil. Freih. **Otto von Mering,** Berlin. (154 S.) 1923. 5 Goldmark.

Die privatrechtliche Stellung der Elektrizität und der Elektrizitätslieferungsvertrag. Von Dr. jur. **Ludwig Niessen.** (73 S.) 1925. 3·60 Goldmark.

Kraft- und Wärmewirtschaft in der Industrie. (Abfallenergie - Verwertung.) Von Baurat Ing. **M. Gerbel.** Dritte Auflage. In Vorbereitung.

Wahl, Projektierung und Betrieb von Kraftanlagen. Von Dipl.-Ingenieur **Friedrich Barth.** Ein Hilfsbuch für Ingenieure, Betriebsleiter und Fabriksbesitzer. Vierte, umgearbeitete und erweiterte Auflage. Mit 161 Figuren im Text und auf 3 Tafeln. (537 S.) 1925. Gebunden 16 Goldmark.

Die Abwärmeverwertung im Kraftmaschinenbetrieb mit besonderer Berücksichtigung der Zwischen- und Abdampfverwertung zu Heizzwecken. Eine wärmetechnische und wärmewirtschaftliche Studie. Von Dr.-Ing. **Ludwig Schneider.** Vierte, durchgesehene und erweiterte Auflage. Mit 180 Textabbildungen. (280 S.) 1923. Gebunden 10 Goldmark.

Ruths-Wärmespeicher in Kraftwerken. Von Dr.-Ing. **Friedrich Münzinger.** Mit 38 Abbildungen. (Sonderabdruck aus den Mitteilungen Nr. 319 der Vereinigung der Elektrizitätswerke e. V.) (24 S.) 1922. 0·80 Goldmark.

Gaswirtschaft. Ein Beitrag zur Prüfung der Wirtschaftlichkeit der Nebenproduktengewinnung, des Gasbetriebes für Stahlwerke und Kraftwerke und der Gasfernversorgung. Von **Rich. F. Starke.** Oberingenieur und Prokurist des Rheinisch-Westfälischen Elektrizitätswerkes A.-G., Gasabteilung Essen. (182 S.) 1921. 6·40 Goldmark.

Bau großer Elektrizitätswerke. Von **G. Klingenberg.** Geh. Baurat, Prof. Dr.-Ing. h. c. Dr. phil. Zweite, vermehrte und verbesserte Auflage. Mit 770 Textabbildungen und 13 Tafeln. (616 S.) 1924. Gebunden 45 Goldmark.

Die Beseitigung der Kohlennot. Unter besonderer Berücksichtigung der Elektrotechnik. Von Dr.-Ing. e. h. **G. Dettmar,** Generalsekretär des Verbandes deutscher Elektrotechniker. Mit 45 Textabbildungen. (116 S.) 1920. 4 Goldmark.

Die Kohlenwirtschaft Rußlands in und nach dem Kriege. Von Dr. **Waldemar Henrici.** Mit 2 Übersichtstafeln. (58 S.) 1924. 3·60 Goldmark.

GPSR Compliance

The European Union's (EU) General Product Safety Regulation (GPSR) is a set of rules that requires consumer products to be safe and our obligations to ensure this.

If you have any concerns about our products, you can contact us on ProductSafety@springernature.com

In case Publisher is established outside the EU, the EU authorized representative is:

Springer Nature Customer Service Center GmbH
Europaplatz 3
69115 Heidelberg, Germany

Batch number: 10815962

Printed by Printforce, the Netherlands